Der Einfluß der Dampftemperatur auf den Wirkungsgrad von Dampfturbinen

Von

Dr.-Ing. Arthur Zinzen

Mit 34 Textabbildungen

Berlin
Verlag von Julius Springer
1928

ISBN-13: 978-3-642-90599-5   e-ISBN-13: 978-3-642-92457-6
DOI: 10.1007/978-3-642-92457-6

Inhaltsverzeichnis.

                   Seite

I. Entwicklung der Theorie 1

II. Versuche 26

III. Ergebnis 36

IV. Folgerungen und Beispiele 42

    A. Umrechnungswerte für Dampfverbrauchszahlen 42

    B. Zwischenüberhitzung 47

    C. Der Einfluß des Hochdruckteils auf den Gesamtwirkungsgrad einer Dampfturbine 53

    D. Der Verlust durch Drosselregulierung bei Kondensationsturbinen 58

    E. Die Wärmegefälle im Überhitzungsgebiet und der Drosselverlust bei Gegendruckturbinen 60

    F. Prüfung einer Hochdruck-Gegendruck-Turbine im Gebiet geringeren Druckes 63

Literaturverzeichnis 67

I. Entwicklung der Theorie.

Die Veränderlichkeit des Wirkungsgrades einer Dampfturbine mit der Temperatur des zugeführten Dampfes hat zu verschiedenen Theorien Anlaß gegeben. Während Forner (1)[1] im Anschluß an die Versuche von Christlein einen unmittelbaren Einfluß der Temperatur auf die Strömung in den Düsen und Schaufeln annimmt, kommt Martin (2) durch eine umfangreiche thermodynamische Untersuchung zu dem Ergebnis, daß eine erhebliche Unterkühlung im Naßdampfgebiet als Anlaß für die genannte Erscheinung aufzufassen sei. Er glaubt bis zur achtfachen Übersättigung vollständige Unterkühlung annehmen zu können. Stodola (3) entwickelt dagegen eine Theorie, aus der sich ergibt, daß die Unterkühlung wahrscheinlich nicht so groß ist, wie Martin sie annimmt, sondern daß etwa von 3- bis 3,5facher Übersättigung ab die Unterkühlung kleiner wird. Demgegenüber stehen Mellanby und Kerr (4) auf dem Standpunkt, daß man den Wassergehalt des Sattdampfes als nicht mitarbeitenden Teil des zugeführten Mediums abzuziehen habe, und daß dies der Grund für die Verbesserung des Wirkungsgrades mit steigender Anfangsüberhitzung sei; auch Baumann (6) hält einen nachteiligen Einfluß der Dampfnässe für erwiesen; nach seinen Forschungen nimmt der Wirkungsgrad für je 1 vH Nässe um 1 vH ab. Schließlich ist noch einer Arbeit von Blowney und Warren (5) zu gedenken, in der angegeben wird, daß sich der Wirkungsgrad für je 1 vH Nässe um 1,15 vH verschlechtert.

Angesichts dieser mannigfachen, sich vielfach widersprechenden Theorien soll hier die in Frage kommende Erscheinung an Hand von Dampfverbrauchsmessungen an ausgeführten Turbinen erörtert werden. Da jedenfalls ein Teil der Wirkungsgradveränderung mit steigender Überhitzung auf die Änderung des Rückgewinnungsfaktors zurückgeführt werden kann, so sind zunächst

---

[1] Die Nummern beziehen sich auf die entsprechenden Nummern im Literaturverzeichnis.

Kurven für diesen Faktor abhängig von der Überhitzung aufzustellen. Die Untersuchung wird für drei verschiedene Annahmen durchgeführt. Diese sind:

1. Der Dampf wird nicht unterkühlt und das sich bildende Wasser hat auf den Wirkungsgrad keinen nachteiligen Einfluß.

2. Der Dampf wird im Naßdampfgebiet vollständig unterkühlt, es bildet sich kein Wasser;

3. Der Dampf wird nicht unterkühlt, aber das sich bildende Wasser stört die Dampfströmung und verschlechtert den Wirkungsgrad der Turbine.

Wenn Teilunterkühlung eintritt oder die Störung durch das Wasser nur stellenweise auftritt, so werden die Versuchskurven zwischen den durch die obigen Annahmen gekennzeichneten Richtungen irgendwelche Mittelwege einschlagen. Auf jeden Fall wird man durch den Vergleich der Messungen mit den aus den verschiedenen Theorien entwickelten Kurven einen Anhalt für das wirkliche Verhalten der Turbinen im Naßdampfgebiet erhalten.

Als Grundlage für die theoretischen Ableitungen und die Zustandsgleichung dienten Molliers „Neue Tabellen und Diagramme für Wasserdampf 1925" (7), in denen, auf den berühmten Versuchen von Knoblauch, Raisch und Hausen (8) aufbauend, eine Zustandsgleichung für Wasserdampf entwickelt wird, deren besondere Eigenschaft ist, daß sie für die Adiabate das Gesetz $p\,v^{\varkappa} = $ konst. liefert, wobei sie das ganze, von den Messungen geprüfte Gebiet bis 30 ata umfaßt. Diese Tatsache ist für den Zweck der vorliegenden Arbeit von hervorragender Bedeutung, denn dadurch vereinfacht sich die Untersuchung ungemein, und manche Gleichungen, die sonst nur mit unbestimmbarer Genauigkeit gelten würden, erhalten strenge Gültigkeit.

Von der Mollierschen Zustandsgleichung für überhitzten Wasserdampf verwenden wir jedoch hier nur die beiden ersten Glieder; damit wird das praktisch in Betracht kommende Gebiet bis zu etwa 30 ata genügend genau beschrieben.

Dann heißt die Gleichung:

$$\frac{P \cdot v}{R \cdot T} = 1 - \frac{a}{R}\frac{P}{\left(\dfrac{T}{100}\right)^{\frac{\varkappa}{\varkappa-1}}},\tag{1}$$

wo $R = 47{,}1$; $a = 0{,}02$; $\varkappa = 1{,}300$ ist.

Gleichung (1) ist an Hand der Beziehung

$$\left(\frac{\partial c_p}{\partial P}\right)_T = -AT\left(\frac{\partial^2 v}{\partial T^2}\right)_P \qquad (2)$$

aus der Gleichung für die spezifische Wärme abgeleitet. Diese lautet nach Mollier in der abgekürzten Form:

$$c_p = c_0 + \frac{1}{\varkappa - 1}\cdot\frac{\varkappa}{\varkappa - 1}\cdot a\,A\,\frac{P}{\left(\dfrac{T}{100}\right)^{\frac{\varkappa}{\varkappa-1}}}, \qquad (3)$$

wobei noch die Nebenbedingung

$$c_0 = \frac{\varkappa}{\varkappa - 1}\,AR \qquad (3\,\mathrm{a})$$

anzumerken ist.

Bildet man nämlich $(\partial c_p/\partial P)_T$, so kommt

$$\left(\frac{\partial c_p}{\partial P}\right)_T = \frac{1}{\varkappa - 1}\cdot\frac{\varkappa}{\varkappa - 1}\cdot a\,A\,\frac{1}{\left(\dfrac{T}{100}\right)^{\frac{\varkappa}{\varkappa-1}}}. \qquad (4)$$

Andererseits ist nach Gleichung (1)

$$v = \frac{RT}{P} - a\,\frac{T}{\left(\dfrac{T}{100}\right)^{\frac{\varkappa}{\varkappa-1}}},$$

$$\left(\frac{\partial v}{\partial T}\right)_P = \frac{R}{P} + a\cdot 100^{\frac{\varkappa}{\varkappa-1}}\cdot\frac{1}{\varkappa - 1}\,T^{-\frac{\varkappa}{\varkappa-1}},$$

$$AT\left(\frac{\partial^2 v}{\partial T^2}\right)_P = \frac{-1}{\varkappa - 1}\cdot\frac{\varkappa}{\varkappa - 1}\,a\,A\,\frac{1}{\left(\dfrac{T}{100}\right)^{\frac{\varkappa}{\varkappa-1}}}. \qquad (4\,\mathrm{a})$$

Der Vergleich von (4) und (4a) zeigt, daß durch Gleichung (1) und (3) die Beziehung (2) in der Tat erfüllt ist.

Wir haben nun zunächst zu zeigen, wie sich die verschiedenen Zustandsänderungen darstellen, wenn man an Stelle der idealen Gasgleichung $P\cdot v = R\cdot T$ die für Wasserdampf gewählte Gleichung (1) verwendet. Eine allgemeine Beziehung zwischen den Differenzialen dP, dv und dT erhalten wir, wenn wir Gleichung (1) für die Beträge $P + dP$, $v + dv$ und $T + dT$ anschreiben.

Dann ist:

$$(P + dP) \cdot (v + dv)$$
$$= R \cdot (T + dT) - 100^{\frac{\varkappa}{\varkappa-1}}\, a(P + dP) \cdot (T + dT)^{-\frac{1}{\varkappa-1}}.$$

Rechnet man dies aus, so hebt sich $P \cdot v$ auf der linken Seite

gegen $RT - 100^{\frac{\varkappa}{\varkappa-1}} \cdot a\, PT^{-\frac{\varkappa}{\varkappa-1}}$ auf der rechten Seite gemäß Gleichung (1) fort, und es bleibt stehen:

$$dP\, dv + v\, dP + P\, dv$$
$$= R\, dT - 100^{\frac{\varkappa}{\varkappa-1}} a P \left(-\frac{1}{\varkappa-1}\, T^{-\frac{1}{\varkappa-1}-1}\, dT + \cdots \right)$$
$$- 100^{\frac{\varkappa}{\varkappa-1}} \cdot a\, dP \left(T^{-\frac{1}{\varkappa-1}} + \frac{-1}{\varkappa-1}\, T^{-\frac{1}{\varkappa-1}-1}\, dT + \cdots \right).$$

Setzt man noch die Produkte aus je zwei Differenzialen gleich Null, so bleibt noch übrig:

$$P\, dv + v\, dP = R\, dT + \frac{100^{\frac{\varkappa}{\varkappa-1}} a}{\varkappa-1}\, PT^{-\frac{\varkappa}{\varkappa-1}}\, dT - 100^{\frac{\varkappa}{\varkappa-1}} a\, T^{-\frac{1}{\varkappa-1}}\, dP$$

geordnet:

$$P\, dv + dP \left(v + 100^{\frac{\varkappa}{\varkappa-1}} a\, T^{-\frac{1}{\varkappa-1}} \right) = dT \left(R + \frac{100^{\frac{\varkappa}{\varkappa-1}} a}{\varkappa-1}\, PT^{-\frac{\varkappa}{\varkappa-1}} \right).$$

Nach Gleichung (1) hat die Klammer auf der linken Seite den Wert:

$$v + 100^{\frac{\varkappa}{\varkappa-1}} a\, T^{-\frac{1}{\varkappa-1}} = \frac{RT}{P},$$

und die Klammer auf der rechten Seite ist:

$$R + \frac{100^{\frac{\varkappa}{\varkappa-1}} \cdot a}{\varkappa-1}\, PT^{-\frac{\varkappa}{\varkappa-1}} = R + \frac{RT - Pv}{T(\varkappa-1)} = \frac{\varkappa}{\varkappa-1}\, R - \frac{1}{\varkappa-1}\, \frac{Pv}{T}.$$

Also wird:

$$P\, dv + \frac{RT}{P} \cdot dP = dT \left(\frac{\varkappa}{\varkappa-1}\, R - \frac{1}{\varkappa-1}\, \frac{Pv}{T} \right). \tag{5}$$

Für vollkommene Gase vereinfacht sich dies wegen $Pv = RT$ zu

$$P\, dv + v\, dP = R\, dT. \tag{5a}$$

Aus Gleichung (5) lassen sich die verschiedenen Zustandsänderungen übersichtlich ableiten. Ehe wir dazu übergehen, haben wir aber auch die Gleichung für c_p in eine entsprechende Form zu kleiden. Wir setzen deshalb in Gleichung (3)

$$a \frac{P}{\left(\dfrac{T}{100}\right)^{\varkappa-1}} = R - \frac{P \cdot v}{T}$$

nach Gleichung (1) ein und erhalten

$$c_p = c_0 - \frac{1}{\varkappa-1} \cdot \frac{\varkappa}{\varkappa-1} A\left(R - \frac{Pv}{T}\right).$$

Da nun $c_0 = \dfrac{1}{\varkappa-1} \cdot AR$ ist [Gleichung (3a)], so kommt

$$c_p = \frac{\varkappa}{\varkappa-1} \cdot AR\left(1 + \frac{1}{\varkappa-1} - \frac{1}{R}\frac{1}{\varkappa-1} \cdot \frac{P \cdot v}{T}\right).$$

Also ist:

$$c_p = \left(\frac{\varkappa}{\varkappa-1}\right)^2 AR\left(1 - \frac{1}{\varkappa}\frac{Pv}{RT}\right). \tag{6}$$

Nun können wir mit Hilfe der Gleichungen (5) und (6) die bei einer beliebigen Zustandsänderung zuzuführende Wärmemenge nach der Formel

$$dQ = c_p dT - AT dP\left(\frac{\partial v}{\partial T}\right)_P$$

berechnen:

$$dQ = \left(\frac{\varkappa}{\varkappa-1}\right)^2 AR\left(1 - \frac{1}{\varkappa}\frac{Pv}{R \cdot T}\right) \frac{P\,dv - \dfrac{RT}{P}\,dP}{\dfrac{\varkappa}{\varkappa-1}R - \dfrac{1}{\varkappa-1}\dfrac{Pv}{T}}$$

$$- \frac{AT}{P}\left(\frac{\varkappa}{\varkappa-1}R - \frac{1}{\varkappa-1}\frac{Pv}{T}\right)dP.$$

das ist geordnet und gekürzt:

$$dQ = A\frac{\varkappa}{\varkappa-1}\left(P\,dv + \frac{1}{\varkappa}v\,dP\right). \tag{7}$$

Die Änderung des Wärmeinhaltes i infolge einer beliebigen Zustandsänderung ist durch folgenden Ausdruck allgemein gegeben:

$$di = c_p dT - A\left[T\left(\frac{\partial v}{\partial T}\right)_P - v\right]dP = dQ + Av\,dP.$$

Hierfür erhalten wir:

$$di = A\frac{\varkappa}{\varkappa-1}[P\,dv + v\,dP]. \tag{8}$$

Diese Ausdrücke für dQ und di sind die gleichen, wie sie auch für ideale Gase gelten. Wir können also ihre Auflösungen für die verschiedenen Zustandsänderungen aus der Theorie der vollkommenen Gase übernehmen, ohne die Ableitungen im einzelnen aufzuzeigen.

Als ausgezeichnete Zustandsänderungen sind für den vorliegenden Zweck hervorzuheben:

1. die Adiabate

$$dQ = 0 \, ,$$

aus (7) ergibt sich

$$P\,dv = -\frac{1}{\varkappa}\,v\,dP \, ,$$

d. h.

$$p\,v^{\varkappa} = \text{konst.} \, , \tag{9}$$

aus (8) folgt

$$di = A\,\varkappa\,P\,dv = -A\,v\,dP \, ,$$

d. h.

$$i_1 - i_2 = h_0 = A\,\frac{\varkappa}{\varkappa-1}\,P_1 v_1 \left[1 - \left(\frac{P_2}{P_1}\right)^{\frac{\varkappa-1}{\varkappa}}\right] \, ; \tag{10}$$

2. die Isobare

$$dP = 0$$

aus (7) ergibt sich

$$dQ = A\,\frac{\varkappa}{\varkappa-1}\,P\,dv \, ,$$

d. h.

$$Q = A\,\frac{\varkappa}{\varkappa-1}\cdot P(v_1 - v_2) \, , \tag{11}$$

aus (8) folgt

$$di = A\,\frac{\varkappa}{\varkappa-1}\,P\,dv \, ,$$

d. h.

$$i_1 - i_2 = Q = A\,\frac{\varkappa}{\varkappa-1}\,P(v_1 - v_2) \, ; \tag{12}$$

3. die Drosselkurve

$$di = 0 \, ,$$

aus (8) ergibt sich

$$P\,dv = -v\,dP \, ,$$

d. h.

$$P\cdot v = \text{konst.} \, , \tag{13}$$

aus (7) wird hiermit:

$$dQ = A\,P\,dv = -A\,v\,dP \, ,$$

d. h.

$$Q = A\,P_1 v_1 \ln\frac{P_1}{P_2} = A\,P_1 v_1 \ln\frac{v_2}{v_1} \, . \tag{14}$$

Hiermit übernimmt die Drosselkurve dieselbe Rolle, die bei den vollkommenen Gasen die Isotherme spielt.

Den folgenden Untersuchungen liegt zunächst die Zustandsänderung an einer Gleichdruckturbine mit vollständiger Vernichtung der Auslaßenergie in jeder Stufe zugrunde.

Bei der wirklichen Expansionskurve in einer Dampfturbine gilt dann das Gesetz, daß die in einer Stufe verlorene Wärmemenge dem Dampf bei konstantem Enddruck wieder zugeführt wird und so im Wärmeinhalt am Anfang der nächsten Stufe erscheint. Hiernach ist der Dampfzustand in Punkt 2 (Abb. 1) zu bestimmen, wenn er in Punkt 1 bekannt ist.

Wir gehen in unserer Betrachtung vom Endpunkt 0 der Adiabate aus und beschreiben die Zustandsänderungen 0—1 und

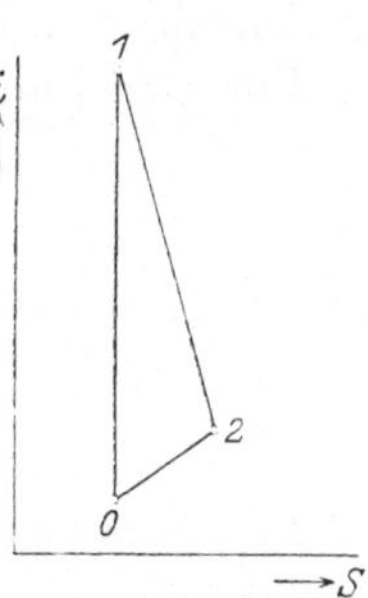

Abb. 1. Expansionskurve einer Dampfturbine im i-S-Diagramm.

0—2. Dann erhalten wir die Bedingungsgleichung:

$$(1 - \eta_s)\int_0^1 di = \int_0^2 dQ,$$

wo η_s der Stufenwirkungsgrad ist.

Die Auflösungen der Integrale sind bereits in unserer Zusammenstellung der ausgezeichneten Zustandsänderungen enthalten. Nach Gleichung (10) ist

$$\int_0^1 di = A\,\frac{\varkappa}{\varkappa - 1}\,P_0 v_0\left(1 - \left(\frac{P_1}{P_0}\right)^{\frac{\varkappa - 1}{\varkappa}}\right)$$

und nach Gleichung (11)

$$\int_0^2 dQ = A\,\frac{\varkappa}{\varkappa - 1}\,P_0\,(v_0 - v_2),$$

v_0 ist noch der Bedingung

$$v_0 = \left(\frac{P_1}{P_0}\right)^{\frac{1}{\varkappa}} \cdot v_1$$

unterworfen; für P_0 dürfen wir überall P_2 schreiben. Dann folgt:

$$(1 - \eta_s)\,v_1\left(\frac{P_1}{P_2}\right)^{\frac{1}{\varkappa}}\left(1 - \left(\frac{P_1}{P_2}\right)^{\frac{\varkappa - 1}{\varkappa}}\right) = v_1\left(\frac{P_1}{P_2}\right)^{\frac{1}{\varkappa}} - v_2$$

oder

$$P_2 v_2 = P_1 v_1 \left[1 - \eta_s \left(1 - \left(\frac{P_2}{P_1}\right)^{\frac{\varkappa-1}{\varkappa}}\right)\right].$$ (15)

Dies gilt für eine einzelne Turbinenstufe. Für eine beliebige Stufenzahl z machen wir folgende Ableitung:

Für Gleichung (15) schreiben wir:

$$P_2 \cdot v_2 = P_1 \cdot v_1 \cdot [1 - \eta_s \cdot (1 - e_1)],$$

wo

$$e_1 = \left(\frac{P_2}{P_1}\right)^{\frac{\varkappa-1}{\varkappa}}$$

ist.

Das Stufengefälle irgendeiner Stufe ist dann

$$h_m = A \cdot \frac{\varkappa}{\varkappa - 1} \cdot P_m \cdot v_m (1 - e_m)$$

$$= A \cdot \frac{\varkappa}{\varkappa - 1} \cdot P_{m-1} \cdot v_{m-1} [1 - \eta_s (1 - e_{m-1})] \cdot (1 - e_m).$$

Wir setzen nun

$$e_1 = e_2 = e_3 = \cdots = e_z = e,$$

d. h. alle Stufen sollen das gleiche Druckverhältnis besitzen. Dann ist:

$$h_m = A \frac{\varkappa}{\varkappa - 1} \cdot P_1 \cdot v_1 (1 - e) [1 - \eta_s (1 - e)]^m.$$

Wenn nun das Verhältnis zwischen End- und Anfangsdruck der Turbine gegeben ist, so daß die Zahl

$$E = \left(\frac{P_{z+1}}{P_1}\right)^{\frac{\varkappa-1}{\varkappa}}$$

bekannt ist, dann ist

$$e = E^{\frac{1}{z}}.$$

Die Summe aller Stufengefälle ist also

$$\sum h_m = A \frac{\varkappa}{\varkappa - 1} P_1 \cdot v_1 \cdot \left(1 - E^{\frac{1}{z}}\right) \sum_{m=0}^{z-1} \left[1 - \eta_s \left(1 - E^{\frac{1}{z}}\right)\right]^m.$$

Dies ist

$$\sum h_m = A \frac{\varkappa}{\varkappa - 1} \frac{P_1 \cdot v_1}{\eta_s} \left\{1 - \left[1 - \eta_s \left(1 - E^{\frac{1}{z}}\right)\right]^z\right\}.$$ (16)

Für eine unendlich große Stufenzahl z hat man den Grenzwert

$$\lim_{z \to \infty} \left[1 - \eta_s \left(1 - E^{\frac{1}{z}} \right) \right]^z$$

zu bilden, der die Form 1^∞ hat. Man findet durch Logarithmieren:

$$\lim_{z = \infty} \left[\frac{\ln \left[1 - \eta_s \left(1 - E^{\frac{1}{z}} \right) \right]}{\frac{1}{z}} \right] = \frac{0}{0} .$$

Differenziert man Zähler und Nenner dieser Funktion nach $1/z$. so kommt für den Zähler:

$$\frac{d\left\{ \ln \left[1 - \eta_s \left(1 - E^{\frac{1}{z}} \right) \right] \right\}}{d \frac{1}{z}} = \frac{\eta_s E^{\frac{1}{z}} \ln E}{1 - \eta_s \left(1 - E^{\frac{1}{z}} \right)} ;$$

für den Nenner:

$$\frac{d \frac{1}{z}}{d \frac{1}{z}} = 1 .$$

Der Grenzwert des Zählers für $z = \infty$ ist

$$\lim_{z \to \infty} \frac{\eta_s E^{\frac{1}{z}} \ln E}{1 - \eta_s \left(1 - E^{\frac{1}{z}} \right)} = \eta_s \ln E .$$

Dies ist, weil der Nenner $= 1$ ist, auch der Grenzwert für die logarithmierte Gesamtfunktion. Für die Hauptfunktion selbst ergibt sich hiermit:

$$\lim_{z = \infty} \left[1 - \eta_s \left(1 - E^{\frac{1}{z}} \right) \right]^z = E^{\eta_s} .$$

Es ist also

$$\left(\sum h_m \right)_{z = \infty} = A \frac{z}{z - 1} \frac{P_1 v_1}{\eta_s} \left(1 - E^{\eta_s} \right), \tag{16 a}$$

und der Rückgewinnungsfaktor $\mu = \Sigma h m / h_0$ ist:

$$\mu = \frac{1}{\eta_s} \cdot \frac{1 - E^{\eta_s}}{1 - E} \quad \text{für} \quad z = \infty . \tag{17}$$

Der Verfasser konnte schon an anderer Stelle (*9*) zeigen, daß der Faktor $1/\eta_s$ als Grenzwert für den Ausdruck

$$\frac{1 - E^{\frac{1}{z}}}{1 - E^{\frac{\eta_s}{z}}}$$

aufgefaßt werden kann, daß also der Rückgewinnungsfaktor μ für eine endliche Stufenzahl z auf die Form:

$$\mu = \frac{1 - E^{\frac{1}{z}}}{1 - E^{\frac{\eta_s}{z}}} \cdot \frac{1 - E^{\eta_s}}{1 - E} \quad \text{für} \quad z < \infty \tag{17a}$$

gebracht werden kann.

Wenn man diese Gleichungen mit dem entsprechenden Wert für $\varkappa$ auf das Sattdampfgebiet überträgt (wie es auch in der erwähnten kleinen Arbeit des Verfassers geschehen ist), so erhält man nur ungenaue Werte, und für den vorliegenden Zweck erscheint dies deshalb nicht angängig. Martin stellt für Sattdampf bei unendlicher Stufenzahl eine Gleichung auf, in der μ abhängig von der Temperatur ist. Diese Gleichung ist aber sehr unhandlich, und wir schlagen deshalb hier einen anderen Weg ein. Zur Unterscheidung bezeichnen wir den Exponenten der Adiabate im Sattdampfgebiet fortan mit λ_0 anstatt mit $\varkappa$.

Wir gehen wieder aus von der Gleichung der Adiabate, die wir für Sattdampf übernehmen, indem wir für λ_0 den richtigen Wert aus der Entropietafel von Mollier bestimmen. Wenn man annimmt, daß die Expansion bei der oberen Grenzkurve beginnt, so sind die Linien gleicher λ_0-Werte aus Abb. 2 ersichtlich. Man sieht, daß man für Kondensationsturbinen mit dem Gegendruck 0,02 bis 0,1 ata im Mittel mit $\lambda_0 = 1{,}12$ rechnen kann, während für Gegendruckturbinen bei Gegendrücken von 1 bis 15 ata $\lambda_0 = 1{,}14$ ein guter Mittelwert ist.

Die Formel von Zeuner:

$$\lambda_0 = 1{,}035 + 0{,}1\,x$$

ist zu ungenau für unsere Zwecke. Man sieht aus Abb. 2, daß die Abhängigkeit des Exponenten λ_0 von dem Feuchtigkeitsgehalt des Dampfes nicht in dem Maße besteht, wie ihn die Zeunersche Gleichung voraussetzt.

Um nun die Exponenten λ für Expansionspolytropen, also für $\eta_s < 1$ zu finden, untersuchen wir, für welchen Wirkungsgrad die Expansion genau auf der Grenzkurve verlaufen würde; man findet hierfür durch Abgreifen aus der Entropietafel $\eta_s = 0{,}28$

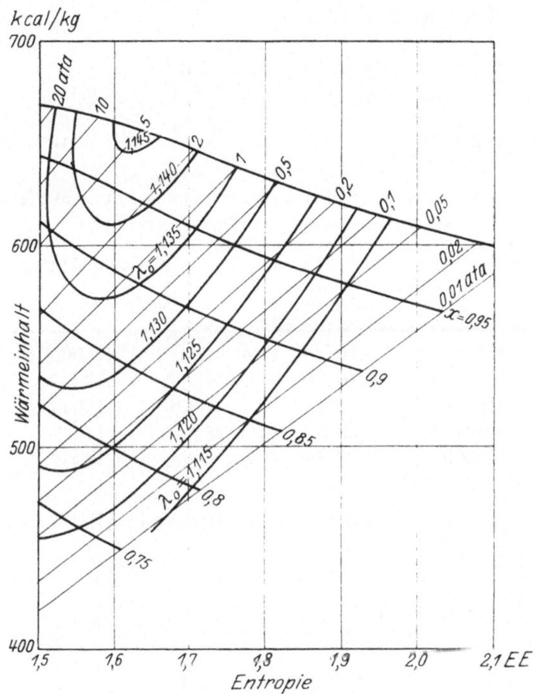

Abb. 2. Exponent λ_0 der Adiabate im Sattdampfgebiet für an der Grenzkurve beginnende Expansion.

Nach den Tabellen und Diagrammen für Wasserdampf von Mollier 1925.

für das Gebiet der Kondensationsturbinen und $\eta_s = 0{,}25$ für die Gegendruckturbinen. Die Exponenten für die dazwischenliegenden Wirkungsgrade wurden sodann nach einem linearen Gesetz interpoliert, wie folgt:

1. Kondensationsturbinen:

$$\text{für } \eta_s = 1 \quad \text{ist } \lambda = 1{,}120 ,$$
$$\text{für } \eta_s = 0{,}28 \quad \text{ist } \lambda = \tfrac{16}{15} .$$

Dann ist für ein beliebiges η_s:

$$\frac{\lambda - 1{,}120}{\eta_s - 1} = \frac{\tfrac{16}{15} - 1{,}120}{0{,}28 - 1} .$$

2. Gegendruckturbinen:

$$\text{für } \eta_s = 1 \quad \text{ist } \lambda = 1{,}140\,,$$
$$\text{für } \eta_s = 0{,}25 \quad \text{ist } \lambda = \tfrac{16}{15}\,.$$

Dann ist für ein beliebiges η_s:

$$\frac{\lambda - 1{,}14}{\eta_s - 1} = \frac{\tfrac{16}{15} - 1{,}14}{0{,}25 - 1}\,.$$

Hieraus ergeben sich folgende Werte für λ und für $\dfrac{\lambda - 1}{\lambda}$.

Tabelle 1. Exponent der Polytrope im Sattdampfgebiet bei verschiedenen Wirkungsgraden.

	Kondensationsturbinen			Gegendruckturbinen	
	λ	$\dfrac{\lambda-1}{\lambda}$		λ	$\dfrac{\lambda-1}{\lambda}$
$\eta_s = 1$	1,12000	0,10714	$\eta_s = 1$	1,14000	0,12281
$\eta_s = 0,9$	1,11259	0,10120	$\eta_s = 0,9$	1,13022	0,11522
$\eta_s = 0,8$	1,10519	0,09517	$\eta_s = 0,8$	1,12044	0,10449
$\eta_s = 0,7$	1,09778	0,08907	$\eta_s = 0,7$	1,11667	0,09965
$\eta_s = 0,6$	1,09037	0,08288	$\eta_s = 0,6$	1,10089	0,09165

Die Summe der Stufengefälle, für unendlich viele Stufen, wird nun

$$h_m = A\,\frac{\lambda}{\lambda - 1}\,P_1 v_1 \left[1 - \left(\frac{P_2}{P_1}\right)^{\frac{\lambda-1}{\lambda}} \right], \tag{16b}$$

und es folgt

$$\mu = \frac{\dfrac{\lambda}{\lambda - 1}\left[1 - \left(\dfrac{P_2}{P_1}\right)^{\frac{\lambda-1}{\lambda}} \right]}{\dfrac{\lambda_0}{\lambda_0 - 1}\left[1 - \left(\dfrac{P_2}{P_1}\right)^{\frac{\lambda_0-1}{\lambda_0}} \right]}\,. \tag{17b}$$

Wenn die Expansionslinie oder die Adiabate an irgendeinem Punkt die Grenzkurve überschreitet, so gilt bis zu diesem Punkt die Gefällegleichung für überhitzten Dampf (16a) und für den Rest des Gefälles die Gleichung für Sattdampf (16b). Der Übergangspunkt ist dadurch gekennzeichnet, daß auf der Grenzkurve bis etwa 20 ata die Beziehung

$$P_s \cdot v_s^{\sigma} = \text{konst.} \tag{18}$$

gilt, wo $\sigma = \tfrac{16}{15}$ ist.

Wir bezeichnen jetzt:

$$\frac{\varkappa - 1}{\varkappa} \quad \text{mit } k,$$

$$\frac{\lambda_0 - 1}{\lambda_0} \quad \text{mit } l_0.$$

$$\frac{\lambda - 1}{\lambda} \quad \text{mit } l.$$

Dann ist die Summe aller Stufengefälle bei einer Expansionskurve, die die Grenzkurve in Punkt $P_s \cdot v_s$ überschneidet, nach Gleichung (16a) und (16b):

$$h_m = \frac{A}{\eta_s\,k} \cdot P_1 v_1 \left[1 - \left(\frac{P_s}{P_1} \right)^{\eta_s k} \right] + \frac{A}{l}\, P_s v_s \left[1 - \left(\frac{P_2}{P_s} \right)^{l} \right]. \tag{19}$$

Die Expansionskurve im Überhitzungsgebiet, deren Arbeitswert

$$h_m = \frac{A}{\eta_s\,k} P_1 v_1 \left[1 - \left(\frac{P_s}{P_1} \right)^{\eta_s k} \right]$$

ist, ist eine Polytrope von der Form[1]:

$$P \cdot v^{1 - \frac{1}{\eta_s k}} = \text{konst.} \tag{20}$$

Mit Hilfe dieser Gleichung und der Beziehung (18) formen wir jetzt die Gleichung (19) noch um. Es ist:

$$v_s = v_1 \left(\frac{P_1}{P_s} \right)^{1 - \eta_s k}.$$

Hieraus entsteht durch Erweiterung mit $P_s v_s^{\sigma - 1}$

$$P_s v_s^{\sigma} = P_s v_1^{\sigma} \left(\frac{P_1}{P_s} \right)^{\sigma - \eta_s \sigma k}$$

oder

$$\frac{P_s v_s^{\sigma}}{P_1 v_1^{\sigma}} = \left(\frac{P_1}{P_s} \right)^{\sigma - \eta_s \sigma k - 1}.$$

Der Quotient $P_1 v_1^{\sigma} / P_s v_s^{\sigma}$ ist ein Maß für die Überhitzung; er gibt an, um wieviel das Produkt $P \cdot v^{\sigma}$ an jeder beliebigen Stelle im Überhitzungsgebiet von dem entsprechenden konstanten Wert an der Sattdampfgrenze abweicht. Wir setzen noch:

$$s = \frac{\sigma - 1}{\sigma}$$

---

[1] Vgl. Stodola: Dampf- und Gasturbinen. 5. Aufl. S. 248. Gleichung 40 und 41.

und erhalten:

$$\frac{P_s}{P_1} = \left(\frac{P_1\,v_1^{\sigma}}{P_s\,v_s^{\sigma}}\right)^{\frac{1-s}{\eta_s k - s}}.$$

Der Ausdruck $(P_s/P_1)^{\eta_s k}$ in Gleichung (19) hat also den Wert:

$$\left(\frac{P_s}{P_1}\right)^{\eta_s k} = \left(\frac{P_1\,v_1^{\sigma}}{P_s\,v_s^{\sigma}}\right)^{1-\frac{1-s}{\eta_s k}}. \tag{21}$$

Für die Adiabate wird speziell

$$\left(\frac{P_{s,\,\mathrm{ad}}}{P_1}\right)^{k} = \left(\frac{P_1\,v_1^{\sigma}}{P_s\,v_s^{\sigma}}\right)^{1-\frac{1-s}{k}} = \frac{v_1}{v_s} = \frac{1}{U}. \tag{22}$$

An Stelle der Abweichung des Produktes $P \cdot v^{\sigma}$ von seinem Wert an der Grenzkurve kann man also auch einfach die Abweichung im spezifischen Volumen auf der Adiabate als Maß für die Überhitzung einführen.

Wir wollen jetzt den Wert U mit dem Wort „adiabatische Überhitzung" bezeichnen und Linien gleicher Überhitzung U in die Entropietafel eintragen (Abb. 3). Wie man aus der Abbildung ersieht, ist U nicht gleichbedeutend mit der in $^{\circ}$C gemessenen Überhitzung. Diese ist vielmehr die Überhitzung bei konstantem Druck, während U diejenige bei konstanter Entropie ist.

In Gleichung (19) haben wir nun noch die Größen, die sich auf die Grenzkurve beziehen, durch U zu ersetzen. Führen wir für den Ausdruck

$$\frac{1-\dfrac{s}{k}}{1-\dfrac{s}{\eta_s k}}$$

die Bezeichnung a ein, so ergeben sich folgende Zusammenhänge:

Aus Gleichung (21) folgt:

$$\left(\frac{P_s}{P_1}\right)^{\eta_s k} = \left(\frac{1}{U}\right)^{a}.$$

Den Wert für $P_s\,v_s/P_1\,v_1$ erhält man hieraus, indem man ansetzt

$$\frac{P_s}{P_1} = \left(\frac{1}{U}\right)^{\frac{a}{\eta_s k}},$$

$$\frac{v_s}{v_1} = \left(\frac{P_s}{P_1}\right)^{\eta_s k - 1}$$

nach Gleichung (20).

Also:

$$\frac{v_s}{v_1} = \left(\frac{1}{U}\right)^{\frac{a}{\eta_s k}(\eta_s k - 1)} .$$

Folglich

$$\frac{P_s \cdot v_s}{P_1 \cdot v_1} = \left(\frac{1}{U}\right)^a .$$

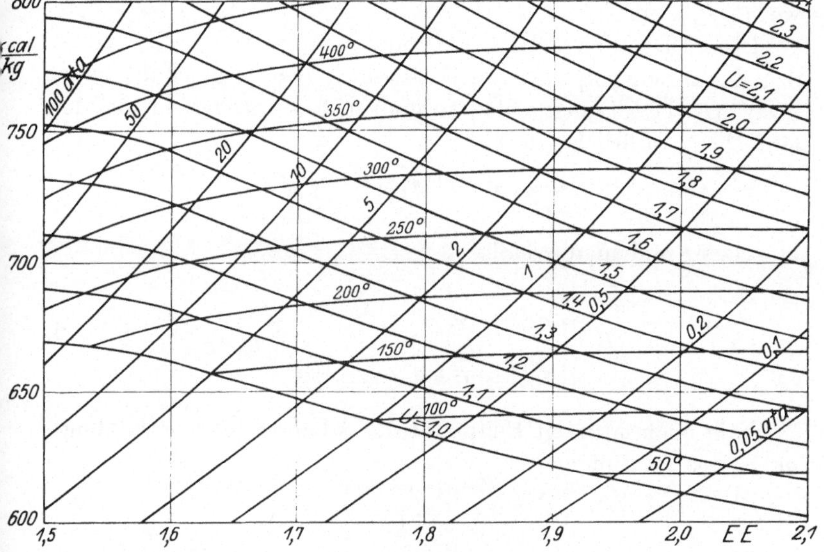

Abb. 3. J-S-Diagramm mit Linien gleicher adiabatischer Überhitzung U.

Jetzt ersetzen wir noch $\left(\frac{P_2}{P_s}\right)^l$ durch $\left(\frac{P_2 \cdot P_1}{P_1 \cdot P_s}\right)^l$ und erhalten

$$\left(\frac{P_2}{P_s}\right)^l = \left(\frac{P_2}{P_1}\right)^l U^{\frac{a l}{\eta_s k}} .$$

Hiermit sind in Gleichung (19) alle Größen, in denen P_s und v_s vorkommt, durch U ersetzt, und es ergibt sich:

$$\sum h_m = A \left[\frac{P_1 v_1}{\eta_s k}\left(1 - \frac{1}{U^a}\right) + \frac{P_1 v_1}{l U^a}\left(1 - \left(\frac{P_2}{P_1}\right)^l U^{\frac{l a}{\eta_s k}}\right) \right] . \qquad (23)$$

Auf der Adiabate ist $\eta_s = 1$ und $a = 1$, also ist das adiabatische Gefälle:

$$h_0 = A \left[\frac{P_1 v_1}{k}\left(1 - \frac{1}{U}\right) + \frac{P_1 v_1}{l_0 U}\left(1 - \left(\frac{P_2}{P_1}\right)^{l_0} U^{\frac{l_0}{k}}\right) \right] . \qquad (24)$$

Der Rückgewinnungsfaktor μ ist also

$$\mu = \frac{\dfrac{1}{\eta_s k}\left(1 - \dfrac{1}{U^a}\right) + \dfrac{1}{l\,U^a}\left(1 - \varepsilon^l\,U^{\frac{la}{\eta_s k}}\right)}{\dfrac{1}{k}\left(1 - \dfrac{1}{U}\right) + \dfrac{1}{l_0\,U}\left(1 - \varepsilon^{l_0}\,U^{\frac{l_0}{k}}\right)}\,, \tag{25}$$

wo $P_2/P_1 = \varepsilon$ gesetzt ist.

Diese Gleichung (25) gilt aber nur so lange, wie der Endpunkt der Expansionspolytrope im Sattdampfgebiet liegt. Fällt dieser noch ins Überhitzungsgebiet, so muß man an Stelle von (23) den einfachen Ausdruck (16a)

$$\sum h_m = A\,\frac{P_1 v_1}{\eta_s k}\,(1 - \varepsilon^{\eta_s k})\,.$$

einsetzen, und man erhält:

$$\mu = \frac{\dfrac{1}{\eta_s k}\,(1 - \varepsilon^{\eta_s k})}{\dfrac{1}{k}\left(1 - \dfrac{1}{U}\right) + \dfrac{1}{U\,l_0}\left(1 - \varepsilon^{l_0}\,U^{\frac{l_0}{k}}\right)}\,. \tag{26}$$

Fällt auch noch der Endpunkt der Adiabate ins Überhitzungsgebiet, so ist einfach

$$\mu = \frac{1}{\eta_s}\,\frac{1 - \varepsilon^{\eta_s k}}{1 - \varepsilon^k} \tag{27}$$

in Übereinstimmung mit Gleichung (17).

Wenn andererseits die Expansion erst an der Grenzkurve beginnt, so erhält man:

$$\mu = \frac{l_0\,(1 - \varepsilon^l)}{l\,(1 - \varepsilon^{l_0})}\,. \tag{28}$$

Die sich aus den Gleichungen (25), (26), (27) und (28) ergebenden Zahlenwerte sind nun graphisch aufgetragen.

Die Rechnung ist durchzuführen für Kondensationsmaschinen mit $\lambda_0 = 1,12$ und für Gegendruckturbinen mit $\lambda_0 = 1,14$; zu verändern sind außerdem die Zahlenwerte für ε, für η_s und U. Da sich die verschiedenen Werte für μ nur um geringe Beträge unterscheiden, so muß man die ganze Rechnung mit der Logarithmentafel ausführen.

Für die Darstellung wurde die Auftragung von μ über U für verschiedene Wirkungsgrade η_s als Parameter gewählt. Für jedes Druckverhältnis ε ist ein neues Diagramm erforderlich. In der

Rechnung wurden für η_s der Reihe nach die Werte 0,6, 0,7, 0,8, 0,9 und 1 eingesetzt. Für ε wurden folgende Werte gewählt:

Für Kondensationsturbinen 0,05 0,02 0,01 0,005 0,002 und 0,001; Für Gegendruckturbinen . 0,5 0,2 0,1 0,05.

In Abb. 4 ist gezeigt, welches Bild man erhält, wenn man das Diagramm für die 3 Fälle: kein Einfluß der Dampfnässe, Unterkühlung des Dampfes und Wirkungsgradverschlechterung durch das Wasser, aufzeichnet. Nimmt man keinen Einfluß der Dampfnässe an, so beginnen die Kurven für den Rückgewinnungsfaktor bei trocken gesättigtem Dampf vor der Turbine in dem Punkte A (Abb. 4). Mit zunehmender Überhitzung wirkt sich nun der Unterschied zwischen den Exponenten $\lambda_0 = 1,12$ und $\varkappa = 1,30$ dahin aus, daß die Kurven langsam steigen. In den Punkten B erreicht der Endpunkt der Polytrope die Sattdampfgrenze. Von hier ab verläuft die Expansionspolytrope vollkommen im Überhitzungsgebiet. Die Adiabate jedoch taucht in das Sattdampfgebiet ein, und infolgedessen besteht zwischen dem Wärmegefälle, das in der Entropietafel abgegriffen wird, und dem, welches für die

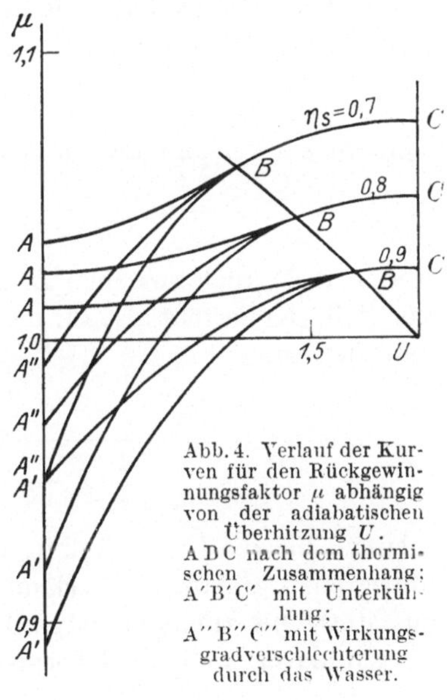

Abb. 4. Verlauf der Kurven für den Rückgewinnungsfaktor μ abhängig von der adiabatischen Überhitzung U. ADC nach dem thermischen Zusammenhang; $A'B'C'$ mit Unterkühlung; $A''B''C''$ mit Wirkungsgradverschlechterung durch das Wasser.

Energieumsetzung in der Maschine maßgebend ist, ein Zwiespalt, weil jenes zum Teil mit $\varkappa = 1,3$ und zum Teil $\lambda_0 = 1,12$ gerechnet ist, während dieses durchweg dem Gesetz $\varkappa = 1,3$ gehorcht. Je mehr die Überhitzung zunimmt, um so weniger macht sich diese Unstimmigkeit geltend, bis im Punkt C auch der Endpunkt der Adiabate die Grenzkurve überschreitet. Die μ-Kurven verlaufen zwischen B und C zunächst noch steigend und dann bei C in die Horizontale. Man kann auch leicht nachrechnen, daß für $P_{2_{\text{adiab.}}} = P_{s_{\text{adiab.}}}$ die Gleichung für μ ein Maximum besitzt.

Aus dieser Beschreibung ergibt sich, daß in den Punkten B $P_2 = P_s$ ist; deshalb gilt für B

$$\left(\frac{1}{U}\right)^a = \varepsilon^{\eta_s k} .$$

In den Punkten C geht Gleichung (26) über in (27). In (27) kommt U nicht mehr vor; die Linien für μ verlaufen daher von C ab als horizontale gerade Linien weiter, d. h. eine weitere Erhöhung der Überhitzung hat auf den Rückgewinnungsfaktor und damit auf den Gesamtwirkungsgrad keinen Einfluß mehr.

In dem zweiten Falle, daß im Naßdampfgebiet Unterkühlung eintritt, verläuft die Expansionspolytrope nicht nach dem Gesetz

$$P \cdot v^\lambda = \text{konst.},$$

sondern sie verfolgt das im Überhitzungsgebiet geltende Gesetz

$$P \cdot v^{\frac{1}{1-\eta_s k}} = \text{konst.}$$

weiter, d. h. auch zwischen B und A gilt Gleichung (26) an Stelle von (25). Es besteht also für das gesamte Gebiet zwischen C und A die Gleichung

$$\mu = \frac{\dfrac{1}{\eta_s k}\left(1 - \varepsilon^{\eta_s k}\right)}{\dfrac{1}{k}\left(1 - \dfrac{1}{U}\right) + \dfrac{1}{l_0 U}\left(1 - \varepsilon^{l_0} U^{\frac{l_0}{k}}\right)}$$

solange, bis die Unterkühlung aufhört. Wenn die Unterkühlung unbegrenzt anhält, so verläuft die Kurve für μ (Abb. 4) von C aus stetig bis zum Schnittpunkt A' mit der Abszissenachse. In A' gilt dann, weil die Überhitzung $U = 1$ ist,

$$\mu = \frac{\dfrac{1}{\eta_s k}\left(1 - \varepsilon^{\eta_s k}\right)}{\dfrac{1}{l_0}\left(1 - \varepsilon^{l_0}\right)} . \tag{29}$$

Zu einer dritten Schar von Kurven gelangt man, wenn man keine Unterkühlung annimmt, sondern voraussetzt, daß das aus der Strömung ausfallende Wasser eine Verschlechterung des Wirkungsgrades herbeiführt. Von Mellanby und Kerr ist die Theorie aufgestellt worden, daß die durch die Wasserbildung freiwerdende Verdampfungswärme gerade ausreicht, um das Wasser durch die Beschaufelung hindurchzubringen, so daß man bei der Errechnung der Leistung den Wassergehalt des Dampfes einfach abzuziehen hätte.

Das Wärmegefälle zwischen zwei Punkten 1 und 2 ist

$$h_0 = q_1 - q_2 - A\,(x_1\,p_1\,v_1'' - x_2\,p_2\,v_2'') - x_1\,\varrho_1 - x_2\,\varrho_2 \, ,$$

wo q die Flüssigkeitswärme, v'' das spezifische Volumen an der oberen Grenzkurve und ϱ die innere Verdampfungswärme ist. Diese Gleichung sagt aus, da das Volumen des Wassers in ihr nicht vorkommt, daß nur der dampfförmige Teil einer Expansion fähig ist. Da sie sich aber auf 1 kg Dampf-Wassergemisch bezieht, so gibt sie die gesamte Energie wieder, die sowohl vom Dampf wie auch vom Wasser abgegeben werden kann, ohne darüber Aufschluß zu geben, wie sich die Energieabgabe auf die beiden Bestandteile verteilt. Durch die Annahme von Mellanby und Kerr wird nun der linken Seite der Gleichung der Faktor x_m, wo x_m der mittlere Dampfgehalt ist, hinzugefügt.

Man kann hiermit die Anschauung verbinden, daß das Wasser in großen Tropfen aus der Strömung herausfällt und die ihm innewohnende Energie in Stößen und unregelmäßigen Bewegungen verliert. Dabei mag es dahingestellt bleiben, ob diese Verluste gerade genau so groß sind wie die durch die Wasserbildung freiwerdende Energie, oder ob der Verlust nicht noch ein wenig größer oder kleiner ist als diese. In einem solchen Falle würde der erwähnte Faktor nicht x_m, sondern

$$y \cdot x_m$$

lauten, wo $y \gtrless 1$ ist. Da jedoch über die Größe des Koeffizienten y nichts bekannt ist und die verfügbaren Versuche nicht geeignet sind, über y nähere Auskunft zu geben, so soll hier die Rechnung mit $y = 1$ durchgeführt werden. Für die Leistungsberechnung kommt jetzt die Größe

$$G \cdot h_0 \cdot x_m$$

in Frage, und die Anschauung, daß das Wasser aus der Strömung ausfällt, kann man dadurch bekräftigen, daß man die beiden Größen G und x_m zu einer zusammenzieht und dann mit dem gewohnten Wärmegefälle aus der Entropietafel weiterrechnet. Wir ziehen also einfach den Wassergehalt von der Gesamtdampfmenge ab. Dabei bleibt zunächst noch dahingestellt, welcher Nässegrad notwendig ist, um die Tropfen in der erforderlichen

Größe, daß sie ausfallen, zu bilden. In Abb. 4 ist eine Linie BA'' gezeichnet, die sich ergibt, wenn man den gesamten Nässegehalt des Sattdampfes abzieht.

Bei einer Turbine, die nur zum Teil in das Naßdampfgebiet hineinkommt, erfolgt die Rechnung in folgender Weise (Abb. 5): der Dampfgehalt in Punkt 2 sei x_2, die mittlere Dampfnässe auf der Strecke b ist dann $\dfrac{1 - x_2}{2}$, dieser Anteil des Gesamt-

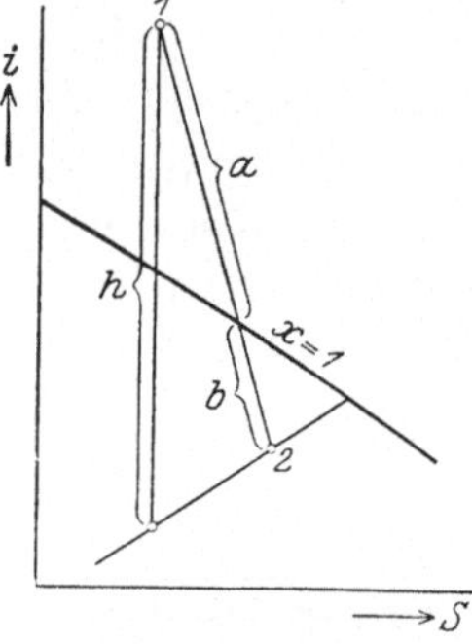

dampfgewichts arbeitet auf der Strecke b nicht mit. Die Gesamtleistung wird also um den Anteil

$$\frac{b}{a + b} \cdot \frac{1 - x_2}{2}$$

verringert. Man kann dies berücksichtigen, wenn man den Rückgewinnungsfaktor μ, mit dem ja das adiabatische Wärmegefälle multipliziert wird, um diesen Betrag verkleinert. Man erhält also

Abb. 5. Expansion mit Überschreitung der oberen Grenzkurve.

$$\mu' = \mu - \frac{b}{a + b} \cdot \frac{1 - x_2}{2}. \tag{30}$$

Für anfangs trocken gesättigten Dampf ergibt sich

$$\mu' = \mu - \frac{1 - x_2}{2}. \tag{31}$$

Wie man aus der Entropietafel leicht ersehen kann, ist der Nässegehalt bei gleichem von der Grenzkurve ab gerechneten Druckverhältnis auf verschiedenen Gebieten der Tafel verschieden. Es mußte daher die Allgemeingültigkeit der Kurven insofern etwas eingeschränkt werden, als für die Berücksichtigung der Dampfnässe die Endpunkte der Expansion auf einer bestimmten Linie ein für allemal angenommen werden mußten. Für Kondensationsturbinen wurde die Linie $p_2 = 0{,}05$ ata ausgewählt, weil das Adiabatengesetz $\lambda_0 = 1{,}120$ in dem am meisten benutzten Gebiet gerade in der Nähe dieser Druckkurve gültig ist. Bei Gegendruckturbinen wurde aus demselben Grunde der Nässegehalt auf der Linie $p_2 = 2$ ata abgegriffen, entsprechend dem Gültigkeitsbereich des Adiabatengesetzes $\lambda_0 = 1{,}14$ (vgl. Abb. 2).

Welche von den drei Richtungen BA, BA' oder BA'' dem wirklichen Verhalten der Dampfturbine entspricht, müssen Versuche lehren.

Ehe wir zur Auswertung der uns zugängig gewesenen Messungen schreiten, soll noch der Einfluß der Stufenzahl, der bisher nicht berücksichtigt wurde, erörtert werden.

Die Berücksichtigung der Stufenzahl nach Gleichung (16) oder (17a) macht die Rechnung außerordentlich verwickelt, besonders wenn die Expansion zum Teil im Überhitzungsgebiet und zum Teil im Sattdampfgebiet verläuft. Es wurde daher versucht, einen Faktor zu finden, mit dem der Wert μ, der bei unendlicher Stufenzahl gilt, zu multiplizieren ist, wenn man den Wert für die endliche Stufenzahl erhalten will. Dabei zeigt es sich, daß es leichter war, einen solchen Faktor für den Wert $\mu - 1$ zu ermitteln. Diese Zahl ist nämlich einfach mit dem Faktor zu multiplizieren:

$$\lambda = \frac{z - 1}{z}. \tag{32}$$

Zum Beweise wurde für das Überhitzungsgebiet aus Gleichung (17a) eine Reihe von μ-Werten errechnet, und zwar für verschiedene Stufenzahlen zwischen 2 und 50 Stufen: außerdem für die beiden Wirkungsgrade

$$\eta_s = 0{,}8 \quad \text{und} \quad \eta_s = 0{,}6 .$$

Die Zahl

$$\lambda = \frac{\mu_z - 1}{\mu - 1}$$

welche angibt, um wieviel sich der Wert $\mu - 1$ infolge der endlichen Stufenzahl verkleinert, hatte nach dieser Rechnung folgende Werte:

bei	2 Stufen	5 Stufen	20 Stufen	50 Stufen
	0,46 — 0,5	0,74 — 0,8	0,91 — 0,95	0,97 — 0,99 .

Wenn man nun hierfür den aus Gleichung (32) sich ergebenden Wert bestimmt, so erhält man

$$0{,}5 \qquad 0{,}8 \qquad 0{,}95 \qquad 0{,}99 .$$

Der Unterschied zwischen den beiden Zahlenwerten aus Gleichung (17a) und Gleichung (32) ist hiernach kleiner als 0,1. Der Unterschied ist so gering, daß der mögliche Fehler noch innerhalb der Genauigkeit liegt, mit der Dampfverbrauchsmessungen möglich sind. Außerdem ist zu berücksichtigen, daß Gleichung (17a) unter der Voraussetzung gleichen Druckverhältnisses in allen

Stufen entwickelt wurde, also auch eine gewisse Ungenauigkeit wirklichen Ausführungen gegenüber besitzt.

Im Sattdampfgebiet wird der Wert $\mu - 1$ im Ts-Diagramm durch ein rechtwinkliges Dreieck dargestellt, dessen Katheten die Adiabate und die Drucklinie für p_2 sind, während die Hypotenuse durch die Expansionslinie wiedergegeben wird. Wenn man in einem solchen Dreieck die Hypotenuse entlang kleine gleich große rechtwinklige Dreiecke wegschneidet, so daß ein treppenförmiges Gebilde entsteht, so wird der Flächeninhalt bei z Stufen um

$$1 - \frac{z-1}{z} = \frac{1}{z}$$

verkleinert. Unser Ansatz für die Berücksichtigung der endlichen Stufenzahl stimmt hiernach im Sattdampfgebiet ebenfalls.

Es gilt also allgemein:

Bei Gleichdruckturbinen und gleichmäßiger Gefälleaufteilung konstantem Stufenwirkungsgrad und Verlust der Auslaßenergie in allen Stufen erhält man den Wert der rückgewinnbaren Wärme für eine endliche Stufenzahl, wenn man die Zahlen

$$\mu - 1 \quad \text{mit} \quad \frac{z-1}{z}$$

multipliziert. Bei wirklichen Turbinen sind diese Voraussetzungen, meist nicht genau erfüllt. Der Stufenwirkungsgrad ist im allgemeinen nicht in allen Stufen derselbe. Er ist im Hochdruckteil infolge der größeren Spalt- und Reibungsverluste geringer als im Mitteldruckteil. In den letzten Stufen des Niederdruckteils nimmt er ebenfalls wieder ab, was auf die Fächerung der langen Schaufeln und den vollständigen Verlust der Auslaßenergie der letzten Stufe, der bei hoher Luftleere sehr erheblich sein kann, zurückzuführen ist. Ferner wird die Auslaßenergie in den Zwischenstufen nicht ganz in Wärme umgesetzt, sondern zum Teil als Geschwindigkeitsenergie in der folgenden Stufe ausgenutzt.

Wenn wir noch die Überdruckturbinen mit in Betracht ziehen, so wäre bei diesen zu berücksichtigen, daß jede Turbinenstufe aus zwei Expansionsstufen besteht, und daß die Auslaßenergie der einzelnen Stufen erfahrungsgemäß viel weitgehender als Geschwindigkeitsenergie ausgenutzt wird, als bei Gleichdruckturbinen.

Auch die gleichmäßige Gefällsaufteilung trifft bei wirklichen Turbinen im allgemeinen nicht zu. Da der Hochdruckteil ohnehin einen geringeren Wirkungsgrad besitzt als der Mitteldruckteil, so schadet man dem Gesamtwirkungsgrad der Turbine nicht, wenn man ihn mit nur wenigen Stufen ausrüstet. Andererseits ist es wegen der Zunahme des Dampfvolumens nach dem Niederdruckteil hin erforderlich, die Teilkreisdurchmesser nach dem Ende der Turbine zu ansteigen zu lassen, was entweder kontinuierlich oder absatzweise geschehen kann. Die Stufen mit den größeren Durch-

messern erhalten größere Einzelgefälle als die anderen Stufen, so daß die Stufenzahl, die für ein bestimmtes Wärmegefälle angewendet wird, nach dem Ende der Turbine hin immer geringer wird.

Alle diese Einflüsse haben zur Folge, daß die Expansionslinie, wie in Abb. 6 gezeigt, nicht kontinuierlich nach der gestrichelten Kurve verläuft, sondern der ausgezogenen Kurve folgend im Hochdruckteil einen schlechten, im Mitteldruckteil einen guten und im Niederdruckteil wieder einen schlechten Wirkungsgrad anzeigt. Die rückgewinnbare Wärme wird in dem TS-Diagramm durch die Fläche 012 dargestellt. Man erkennt, daß die Abweichungen

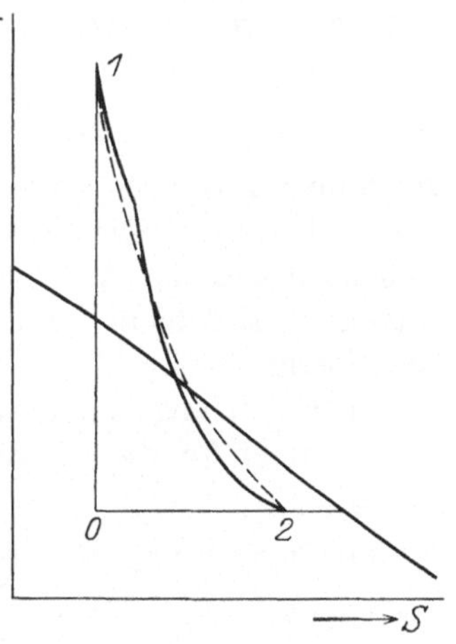

Abb. 6. Verlauf der Expansionspolytrope.

wirklicher Verlauf;
−·− angenommener Verlauf.

der wirklichen Expansionslinie von der gedachten den Inhalt dieser Fläche nicht wesentlich verändern. Wenn wir uns nun die einzelnen Stufen in das Diagramm eingesetzt denken, so werden aus der Fläche im Hochdruckteil verhältnismäßig große Stücke herausgeschnitten, im Mitteldruckteil sehr kleine und im Niederdruckteil wieder größere, möglicherweise für die letzte Stufe bei Grenzturbinen noch ein verhältnismäßig großes Stück. Man sieht hieraus, daß die Berücksichtigung der endlichen Stufenzahl durch einen einfachen Faktor immer nur eine Annäherung sein kann. Bei vielstufigen Turbinen ist der Einfluß dieses Faktors allerdings so gering, daß der mögliche Fehler kaum merklich ist. Bei Maschinen mit Ausnutzung der Auslaßgeschwindigkeit und bei reinen Reaktionsturbinen ist der Einfluß etwas geringer, als ihn der Faktor $\dfrac{z-1}{z}$ ergeben würde.

Wenn man, wie es die Aufgabe der vorliegenden Arbeit ist, die Veränderlichkeit der rückgewinnbaren Wärme mit der Überhitzung untersucht, so wird der sich durch die soeben beschriebenen Ungenauigkeiten einstellende Fehler für ein und dieselbe Maschine bei verschiedenen Frischdampftemperaturen immer der gleiche sein. Er wird daher aus den Vergleichswerten herausfallen und das Ergebnis unserer Untersuchung nicht beeinflussen.

Deshalb soll bei der Auswertung der Versuche der endlichen Stufenzahl durch volle Berücksichtigung des Faktors $\dfrac{z-1}{z}$ Rechnung getragen werden, und zwar sowohl bei Gleichdruck- wie auch bei Überdruckturbinen. Hierdurch wird auch der sonst übliche Abzug der Auslaßgeschwindigkeit aus der letzten Stufe, solange es sich nicht um ausgesprochene Grenzturbinen handelt, überflüssig.

Als Ergänzung zu dem theoretischen Teil lassen wir noch einige Zahlentafeln für die wichtigsten Werte folgen.

Tabelle 2. Werte des Exponenten $a = \dfrac{1 - \dfrac{s}{k}}{1 - \dfrac{s}{\eta_s k}}$ (Seite 14).

η_s	a
1	1,00000
0,9	1,04306
0,8	1,10237
0,7	1,18933
0,6	1,32913

Tabelle 3. Werte des Faktors $\vartheta = \dfrac{1 - \left(\dfrac{P_2}{P_1}\right)^{\frac{z-1}{z} \cdot \eta_s}}{\eta_s}$ [Gleichung (16a) und (42)] für überhitzten Dampf mit $k = 1,30000$.

$\dfrac{P_2}{P_1} =$	0,5	0,2	0,1	0,05	0,02	0,01
$\eta_s = 1$	0,14782	0,31024	0,41220	0,49909	0,59455	0,65449
$\eta_s = 0,9$	0,14898	0,31571	0,42234	0.51471	0,61806	0,68417
$\eta_s = 0,8$	0,15013	0,32131	0,43285	0,53104	0,64290	0,71584
$\eta_s = 0,7$	0.15131	0,32706	0,44371	0,54801	0,66919	0,74976
$\eta_s = 0,6$	0,15247	0,33293	0,45493	0,56592	0,69700	0,78580

$\dfrac{P_2}{P_1}$	0,005	0,002	0,001
$\eta_s = 1$	0,70557	0,76168	0,79691
$\eta_s = 0,9$	0,74141	0,80548	0,84646
$\eta_s = 0,8$	0,78000	0,85315	0,90081
$\eta_s = 0,7$	0,82157	0,90509	0,96053
$\eta_s = 0,6$	0,86639	0,96177	1,02625

Tabelle 4. Werte des Ausdrucks $U = \varepsilon^{-\frac{k\eta_s}{a}}$ (S. 18). Wenn die Überhitzung des Frischdampfes diesen Wert annimmt, so liegt der Endpunkt der Expansion auf der Grenzkurve $x = 1$.

	0,5	0,2	0,1	0,05	0,02	0,01
$\eta_s = 1$	1,1735	1,4498	1,7013	1,9964	2,4665	2,8943
$\eta_s = 0,9$	1,1483	1,3778	1,5813	1,8162	2,1792	2,5017
$\eta_s = 0,8$	1,1228	1,3085	1,4592	1,6496	1,9225	2,1586
$\eta_s = 0,7$	1,0987	1,2443	1,3672	1,5021	1,7012	1,8691
$\eta_s = 0,6$	1,0749	1,1825	1,2711	1,3663	1,5031	1,6157

	0,005	0,002	0,001
$\eta_s = 1$	3,3963	4,1950	4,9239
$\eta_s = 0,9$	2,8727	3,4468	3,9661
$\eta_s = 0,8$	2,4236	2,8246	3,1713
$\eta_s = 0,7$	2,0536	2,3258	2,5554
$\eta_s = 0,6$	1,7366	1,9106	2,0537

Tabelle 5. Werte von a für die an der Grenzkurve beginnende Expansion. Unendliche Stufenzahl [Gleichung (17b) oder (28)].

1. für Kondensationsturbinen $\lambda_0 = 1,12000$.

	0,05	0,02	0,01	0,005	0,002	0,001
$\eta_s = 0,9$	1,00786	1,01030	1,01202	1,01384	1,01602	1,01770
$\eta_s = 0,8$	1,01685	1,02202	1,02572	1,02925	1,03382	1,03722
$\eta_s = 0,7$	1,02612	1,03360	1,03920	1,04475	1,05168	1,05700
$\eta_s = 0,6$	1,03520	1,04558	1,05310	1,06068	1,07040	1,07755

2. für Gegendruckturbinen $\lambda_0 = 1,14000$.

	0,5	0,2	0,1	0,05
$\eta_s = 0,9$	1,00318	1,00590	1,00842	1,01080
$\eta_s = 0,8$	1,00554	1,01208	1,01695	1,02195
$\eta_s = 0,7$	1,00825	1,01820	1,02588	1,03335
$\eta_s = 0,6$	1,01105	1,02462	1,03522	1,04512

Tabelle 6. Werte von μ für den Fall, daß die ganze Adiabate
im Überhitzungsgebiet liegt:

$$k = 1{,}30000 \text{ [Gleichung (27)]}.$$

$\varepsilon =$	0,5	0,2	0,1	0,05	0,02	0,01
$\eta_s = 0{,}9$	1,0079	1,0176	1,0246	1,0313	1,0390	1,0453
$\eta_s = 0{,}8$	1,0157	1,0356	1,0501	1,0640	1,0814	1,0937
$\eta_s = 0{,}7$	1,0237	1,0541	1,0764	1,0982	1,1254	1,1453
$\eta_s = 0{,}6$	1,0315	1,0731	1,1037	1,1336	1,1724	1,2005

II. Versuche.

Die Kurven, die in Abb. 4 gezeigt sind, müssen an Hand von
Dampfverbrauchsmessungen nachgeprüft werden. Dadurch wird
entschieden werden, welche von den drei Theorien der Wirklichkeit entspricht.

Die Messung des Dampfverbrauchs bei verschiedenen Frischdampftemperaturen und sonst gleichbleibenden Verhältnissen ge-
nügt jedoch allein nicht zur Klärung der Frage. Denn mit dem
Übergang von einer Temperatur zur anderen ändert sich auch das
der Turbine zur Verfügung stehende Wärmegefälle, und es ist deshalb notwendig, den Einfluß des veränderten Stufengefälles auf
den Wirkungsgrad jeder einzelnen Turbinenstufe auszuschalten.
Die Dampfgeschwindigkeit in einer Stufe vom Gefälle h_0 kcal/kg
ist bekanntlich

$$c_0 = \sqrt{\frac{2\,g\,h_0}{A}}\,.$$

Da nun der Wirkungsgrad einer Stufe im wesentlichen abhängig ist vom Verhältnis u/c_0 zwischen Umfangsgeschwindigkeit
und Dampfgeschwindigkeit, so hat man, um den Einfluß des
Wärmegefälles auf den Stufenwirkungsgrad kennenzulernen, zu
untersuchen, in welcher Weise der Wirkungsgrad von dem Verhältnis u/c_0 abhängt. Die zuverlässigste Art, dies zu ermitteln, ist
die Aufnahme einer Drehzahlkurve bei konstanten Dampfverhält-
nissen und gleichbleibender Belastung bzw. Dampfmenge. Da
die Drehzahl mit der Umfangsgeschwindigkeit durch die Beziehung

$$n = \frac{60\,u}{D\,\pi}$$

verbunden ist, so ergibt eine Reihe von Dampfverbrauchsmessungen mit verschiedenen Drehzahlen unmittelbar den Einfluß der Umfangsgeschwindigkeit, und, weil das Wärmegefälle konstant gehalten werden soll, auch den Einfluß des Verhältnisses u/c_0 auf den Wirkungsgrad.

Um den Einfluß der Dampftemperatur auf den Wirkungsgrad kennenzulernen, hat man also zunächst die Abhängigkeit des Wirkungsgrades von u/c_0 aufzutragen, und sodann in dieses Schaubild noch die bei verschiedenen Frischdampftemperaturen gemessenen Wirkungsgrade einzuzeichnen. Der senkrechte Abstand dieser Punkte von der Kurve — also bei gleichem u/c_0 — ergibt sodann ein Maß für den Einfluß der Überhitzung auf den Wirkungsgrad der Turbine.

Wegen der Unsicherheit, die bei Turbinen mit geringer Stufenzahl und unregelmäßiger Gefällsaufteilung in bezug auf die allgemein gültige Darstellung des Rückgewinnungsfaktors besteht, wurden als beweiskräftig nur Messungen an vielstufigen Turbinen herangezogen.

Maschine I.

In der Zeitschr. f. d. ges. Turbinenwesen 1909, Heft 9, S. 133ff. hat Gensecke Messungen an einer Parsonsturbine von 300 kW veröffentlicht. Die Versuche umfassen u. a. sowohl Dampfverbrauchsmessungen bei verschiedenen Drehzahlen wie auch bei verschiedenen Frischdampftemperaturen, so daß wir an Hand dieser Messungen unsere Theorie gut nachprüfen können. Die für unseren Zweck in Frage kommenden Versuche hatten umstehendes Ergebnis.

Bei Versuch 1 und 7 sind die Stopfbüchsen- und Ausgleichsverluste, die nicht genau bestimmt wurden, nach den entsprechenden Ziffern der übrigen Versuche zu insgesamt 300 kg/h geschätzt, so daß die Arbeitsdampfmenge um einen geringen Bruchteil eines Prozentes ungenau sein kann. Die Wärmegefälle wurden in obiger Tabelle neu aus der Entropietafel von Mollier 1926 abgegriffen.

Genaue Angaben über Stufenzahl und Durchmesser der Maschine sind in dem erwähnten Aufsatz nicht enthalten; es ist daher nicht möglich, das Verhältnis u/c_0 genau zu bestimmen. Da es für unseren Zweck nur auf die gegenseitige Lage der Punkte zueinander ankommt und nicht auf die Absolutwerte von u/c_0, so

Versuch		1	7	11	13	18	19
Drehzahl . . . n	Uml./min	2378	2380	2382	2384	2585	2180
Dampfdruck . . p_1	ata	8,48	8,20	8,01	7,90	7,81	8,23
Temperatur . . t_1	$^\circ$ C	180,6	259,4	275,0	295,0	298,0	303,5
Abdampfdruck p_2	ata	0,096	0,097	0,105	0,102	0,096	0,098
Arbeitsdampfmenge . . . G	kg/h	3300	2980	2942	2852	2737	2916
Innere Leistung L_i	kW	328,5	329	332	329,5	334	327,5
Dampfverbrauch D_i	kg/kWh	10,05	9,05	8,86	8,65	8,20	8,90
Wärmegefälle . h_0	kcal/kg	162,5	176,5	176	181	183	185,5
Innerer Wirkungsgrad . . . . η_i	vH	52,7	53,9	55,1	54,95	57,3	52,2
Druckverhältnis $\varepsilon = p_2/p_1$		0,01135	0,0118	0,01305	0,0129	0,0123	0,01119
Adiabatische Überhitzung . U		1,03	1,325	1,39	1,475	1,48	1,485

können wir uns dadurch helfen, daß wir für einen Versuch das
Verhältnis u/c_0 irgendwie annehmen; dann sind die entsprechenden
Werte für alle anderen Versuche hierdurch vergleichsweise genau
gegeben, und wir können unseren Vergleich ungestört durchführen.

Wir wählen beispielsweise für Versuch 19 den Wert $(u/c_0)_m$
(Mittel für alle Stufen) zu 0,35. Dann wird für die übrigen Messungen:

Versuch	1	7	11	13	18	19
$(u/c_0)_m$ . .	0,407	0,391	0,3925	0,387	0,418	0,35

Die Punkte 13, 18 und 19 sind zu einer Drehzahlkurve zusammenzufassen. Die geringen Unterschiede in der Frischdampftemperatur berücksichtigen wir, indem wir nach der bekannten empirischen Formel annehmen, daß in diesen engen Grenzen annähernd
das Gesetz: „für je 20° Temperaturdifferenz 1 vH Wirkungsgradänderung" gültig sei. Der mögliche Fehler ist dabei geringer
als 0,1 vH. Wir erhalten dann:

Versuch		13	18	19
Frischdampftemperatur . . . . t_l	$^\circ$ C	295	295	295
Innerer Wirkungsgrad . . . . η_i	vH	54,95	57,2	52,0

Diese drei Punkte werden nun durch die Drehzahlkurve in
Abb. 7 verbunden. Ferner tragen wir in dieses Schaubild noch

die Versuchspunkte 1,7 und 11 ein und bestimmen den senkrechten
Abstand von der Drehzahlkurve wie folgt:

Versuch	1	7	11	13
Wirkungsgrad auf der Drehzahlkurve . vH	56,4	55,3	55,4	54,95
Wirkungsgrad auf der Überhitzungskurve vH	52,7	53,9	55,1	54,95
Unterschied in Prozent	6,56	2,53	0,54	0,00

Bei Versuch 13 taucht die Expansionskurve nicht mehr in das
Sattdampfgebiet ein, und die rückgewinnbare Wärme muß infolgedessen hier voll, ohne Abzug für Unterkühlung oder Wasser-

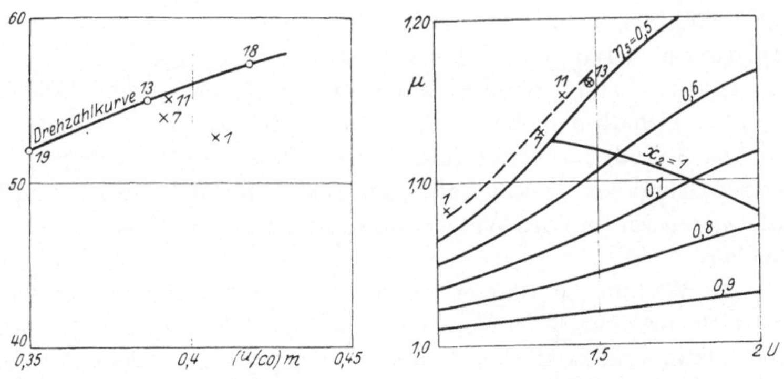

Abb. 7 und 8. Auswertung der Versuche an der 300 kW Parsonsturbine.

ausfall, zur Geltung kommen. In Abb. 8 ist der Rückgewinnungsfaktor abhängig von der Überhitzung für das bei den Versuchen
vorhanden gewesene mittlere Druckverhältnis $p_2/p_1 = 0,012$ aufgezeichnet; in dieses Diagramm haben wir nun den Punkt 13 pas-
send einzutragen. Seine Lage ist dadurch bestimmt, daß er in das
Liniensystem für die Stufenwirkungsgrade sich richtig einordnen
und mit den zu der gewählten Stelle zugehörigen Wert von η_s
zusammen den inneren Wirkungsgrad $\eta_i = 54,95$ vH ergeben
muß. Nach einigem Probieren findet man, daß der Rückgewinnungsfaktor etwa 1,16 ist und dementsprechend der Stufenwirkungsgrad $\eta_s = 47,4$ vH, so daß $47,4 \cdot 1,16 = 54,95$ ist, wie es
sein muß.

In Punkt 1 liegt der Wirkungsgrad um 6,56 vH unter der
Drehzahlkurve. Der Rückgewinnungsfaktor ist hier also nur

$\mu = (1 - 0{,}0656) \cdot 1{,}16$, d. i. 1,084; die analoge Rechnung für die Versuche 7 und 11 ergibt, übersichtlich geordnet:

Versuch	1	7	11	13
Rückgewinnungsfaktor μ . . .	1,084	1,131	1,154	1,160

Die Auftragung in Abb. 8 zeigt, daß die Punkte auf einer Kurve liegen, die der Theorie folgt, wenn man weder Unterkühlung noch Ausfall der Dampfnässe annimmt. Die Streuung ist mit Rücksicht auf die Ungenauigkeit, die jeder graphischen Auswertung anhaftet, sehr gering. Die Dampfnässe am Ende der letzten Stufe betrug in Punkt 1 etwa 5,5 vH. Hieraus folgt:

Bis zu einem Nässegehalt von mindestens 5,5 vH ist weder von Unterkühlung noch von Ausfall des Wassers etwas zu merken. Dadurch wird die Theorie der Unterkühlung überhaupt hinfällig, denn diese müßte sich gerade in dem Gebiete dicht unterhalb der oberen Grenzkurve äußern, und der Punkt 1 in Abb. 8 müßte erheblich (um mehrere Prozente) tiefer liegen, als er auf Grund der Messung tatsächlich liegt. Es bleibt also nur noch übrig, den Einfluß des Wassers im Gebiet größerer Nässe zu untersuchen.

Die Wirkungsgradänderung mit der Überhitzung ist somit im Bereich der genannten Versuche, von $x_2 = 1$ bis $x_2 = 0{,}945$, auf die Veränderlichkeit des Rückgewinnungsfaktors allein zurückgeführt. Die Versuche bestätigen auch die im theoretischen Teil vorausgesagte Erscheinung, daß der Wirkungsgrad noch steigen kann, wenn die Expansionspolytrope nicht mehr in das Sattdampfgebiet eintaucht; zwischen Versuch 7 und 13 ist der Wirkungsgrad noch um etwa 3 vH gestiegen.

Maschine II.

Unsere Ergebnisse werden bestätigt durch Versuche aus dem Maschinenlaboratorium der Technischen Hochschule München, die unter Aufsicht von Professor Dr. Loschge als Demonstrationsversuche für die Studierenden durchgeführt wurden. Die Messungen fanden statt an einer 360 kW-Turbine von Brown, Boveri & Co., die aus einem Curtisrad und 43 Trommelstufen besteht. Es ist $\frac{z-1}{z} = 0{,}98$. Eine Drehzahlkurve ist von dieser Maschine nicht vorhanden. Deshalb wurde an deren Stelle eine Kurve verwendet, die der in Stodolas „Dampf- und Gasturbinen", 5. Aufl., S. 244, angegebenen Tourenkurve nachgebildet ist. Der hierdurch möglicherweise in unsere Rechnung hineinkommende Fehler ist gering und kann mit höchstens $\pm \frac{1}{2}$ vH zwischen den beiden am weitesten auseinanderliegenden Punkten veranschlagt werden.

Die Messung der Überhitzungskurve ergab folgende Werte:

Versuch			1	2	3	4
Frischdampfdruck	p_1	ata	9,0	9,3	9,5	9,4
Frischdampftemperatur	t_1	C	273,0	234,6	207,0	180,0
Abdampfdruck	p_2	ata	0,13	0,15	0,15	0,16
Innere Leistung	L_i	kW	420	414	416	415
Arbeitsdampfmenge	G	kg/h	3215	3410	3550	3740
Dampfverbrauch	D_i	kg/kWh	7,66	8,23	8,54	9,02
Wärmegefälle	h_0	kcal/kg	173	162	157	151
Innerer Wirkungsgrad	η_i	vH	64,9	64,5	64,1	63,2
Druckverhältnis	p_2/p_1		0,01445	0,016	0,0158	0,017
Adiabatische Überhitung	U		1,37	1,215	1,11	1,015
Verhältnis	$(u/c_0)_m$		0,359	0,381	0,387	0,396

Die Drehzahlkurve (Abb. 9) wurde so gewählt, daß sie durch Punkt 1 hindurchgeht, sie gilt also für 273°. Diese Linie zeigt

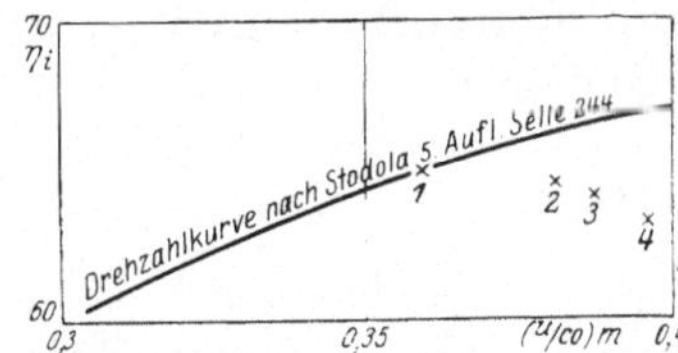

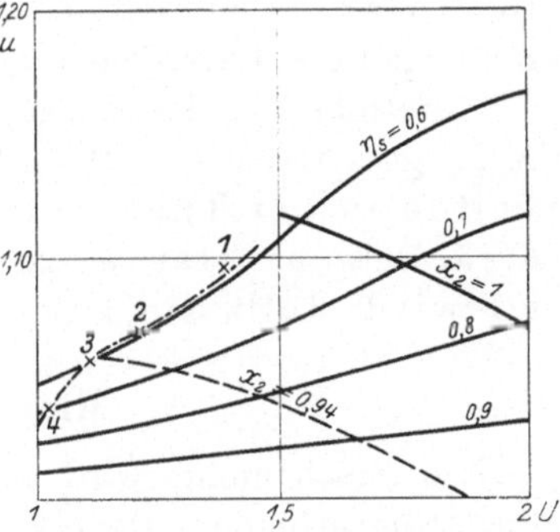

Abb. 9 und 10. Auswertung der Versuche an der BBC-Turbine, München.

in den zu den Versuchen 2, 3 und 4 zugehörigen Punkten $(u/c_0)_m$ folgende Wirkungsgrade:

Versuch	1	2	3	4
Innerer Wirkungsgrad auf der Drehzahlkurve vH	64,9	66,2	66,5	66,8

In Abb. 10 ist das Überhitzungsdiagramm für das mittlere Druckverhältnis $p_2/p_1 = 0,016$ gezeichnet. Es ergibt für den Punkt 1, in dem die Expansionslinie noch nicht in das Sattdampfgebiet eintaucht, den Rückgewinnungsfaktor $\mu = 1,096$ ent-

sprechend einem Stufenwirkungsgrad η_s von 59,2 vH, denn es ist
$59,2 \cdot 1,096 = 64,9$.

Die weitere Rechnung ist genau so durchzuführen wie bei der
Maschine I:

Unterschied zwischen den Wirkungsgraden auf der Überhitzungskurve und auf der Drehzahlkurve

$$\text{vH} \quad 0 \quad 2.57 \quad 3,61 \quad 5,40 \,.$$

Dies ist gleichzeitig die Verkleinerung des Rückgewinnungsfaktors, der sich also wie folgt ergibt:

$$\mu \quad 1,096 \quad 1,068 \quad 1,057 \quad 1,037 \,.$$

Die Auftragung dieser Punkte in Abb. 10 zeigt, daß die Überhitzungskurve bis etwa zum Punkt 3 mit geringer Streuung dem
theoretischen Verlauf folgt, der sich ergibt, wenn man keine Unterkühlung und keinen Ausfall des Wassers annimmt. Der Punkt 4
liegt jedoch so niedrig, daß, wenn kein Meßfehler vorliegt, eine
andere Gesetzmäßigkeit angenommen werden muß. Die gegenseitige Lage der Punkte 3 und 4 zueinander läßt darauf schließen,
daß ein Teil der Dampfnässe bei 4 nicht mehr mitgearbeitet hat.
Die Unstetigkeit in der Kurve, bei der der Ausfall der Nässe beginnt, liegt etwa bei $x_2 = 0{,}94$; d. h. die ersten 6 vH der Nässe
arbeiten in der Turbine mit, ohne die Leistung zu be-
einträchtigen; erst wenn die Feuchtigkeit größer als
6 vH wird, fällt sie aus der Strömung aus.

Maschine III.

Diese Erscheinung wird bestätigt durch Messungen an der
Ljungströmturbine für Donets, die in Stodolas „Dampf- und Gasturbinen", 5. Aufl., S. 621, veröffentlicht sind.

Versuch		1	2	3
Frischdampfdruck . . . . p_1	ata	10,68	10,60	10,99
Frischdampftemperatur . . . . . t_1	°C	340,5	298	322,7
Abdampfdruck . . . . p_2	ata	0,059	0,0577	0,0632
Druckverhältnis . . . . p_2/p_1		0,00535	0,00543	0,00576
Adiabatische Überhitzung . . . . U		1,595	1,43	1,52
Wärmegefälle . . . . h_0	kcal/kg	218,0	208,0	212,0
Dampfverbrauch bezogen auf in- nere Leistung. . . . . D_i	kg/kWh	4,80	5,155	4,965
Innerer Wirkungsgrad . . . . . . η_i	vH	82,3	80,20	81,70

Wir haben für die mechanischen Verluste der Turbine schätzungsweise den konstanten Wert von 2 vH bei allen Versuchen eingesetzt und erhalten auf Grund dieser Annahme vorstehende Tabelle.

Das mittlere Druckverhältnis ist $p_2/p_1 = 0{,}0055$. Der Stufenwirkungsgrad η_s wurde in dem gemessenen Bereich als konstant angenommen, was bei der geringen Änderung des Wärmegefälles um 4,8 vH kein großer Fehler sein kann. Als passender Wert für den Stufenwirkungsgrad ergab sich $\eta_s = 0{,}775$.

Die Auswertung ergibt dann (Abb. 11):

Versuch		1	2	3
Stufenwirkungsgrad . . . . . . η_s	vH	77,5	77,5	77,5
Innerer Turbinenwirkungsgrad . η_i	vH	82,3	80,2	81,7
Unterschied in Prozent	vH	6,2	3,5	5,4
Rückgewinnungsfaktor . . . . . μ		1,062	1,035	1,054

Aus Abb. 11 ist zu ersehen, daß jedenfalls bei Versuch 2 das Wasser ausgefallen ist. Versuch 1 und 3 scheinen zwar noch auf dem flachen Ast der Kurve zu liegen, es läßt sich jedoch nicht genau erkennen, bei welchem Nässegrad der Ausfall des Wassers beginnt, weil sie sich über einen zu geringen Temperaturbereich erstreckt. Deshalb kann man für den weiteren Verlauf, insbesondere in Richtung auf höhere Werte von U, nichts aussagen, während andererseits aus dem steilen Verlauf zwischen Punkt 2 und 3 der Wasserausfall einwandfrei zu entnehmen ist.

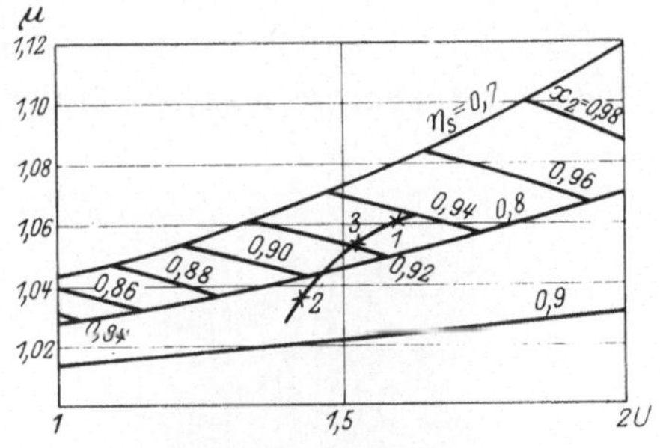

Abb. 11. Auswertung der Versuche an der Ljungströmturbine für Donets.

Dieses Umbiegen der Überhitzungskurven aus dem flachen Verlauf bei hohen Temperaturen, in den steileren bei geringen Überhitzungen, ist außerdem in der Literatur längst bekannt. Schon 1904 erwähnt A. Laponche in der Zeitschrift „Die Turbine" Jg. 1904/05, S. 15, daß sich bei BBC-Parsonsturbinen der Dampfverbrauch um je 1 vH vermindert für

$$5 \text{ bis } 5{,}5° \text{ zwischen } 200 \text{ und } 240°.$$
$$6° \qquad „ \qquad 240 „ 280°.$$
$$7° \qquad „ \qquad 280 „ 320°.$$

Denselben Charakter zeigt die bekannte Kurve von Baumann, die wir in Abb. 12 in unser $\mu\text{-}U$-Diagramm übertragen haben.

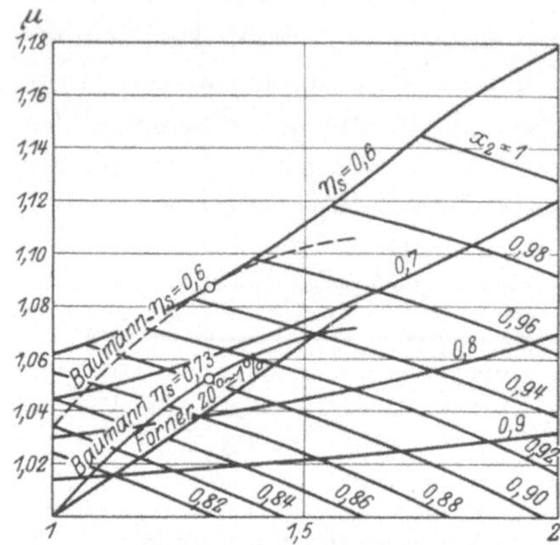

Abb. 12. Umrechnungswerte für den Einfluß der Überhitzung auf den Wirkungsgrad, dargestellt im $\mu\text{-}U$-Diagramm.

Diese Kurve gilt normal für 13,7 ata 83,5° Überhitzung über Sattdampf und 0,069 ata Gegendruck. Es ist also

$$U = 1,31$$

und

$$p_2/p_1 = 0,005\,.$$

Für diese Verhältnisse ist Abb. 12 gezeichnet. Die Kurve von Baumann ist für $\eta_s = 0,6$ und $\eta_s = 0,73$ eingetragen und zeigt bei $x_2 = 0,9$ bis 0,94 den obenerwähnten Richtungswechsel.

Die Angabe von Forner, daß für je 20° 1 vH Wirkungsgradänderung anzunehmen ist, ergibt den Verlauf der mit dem Namen

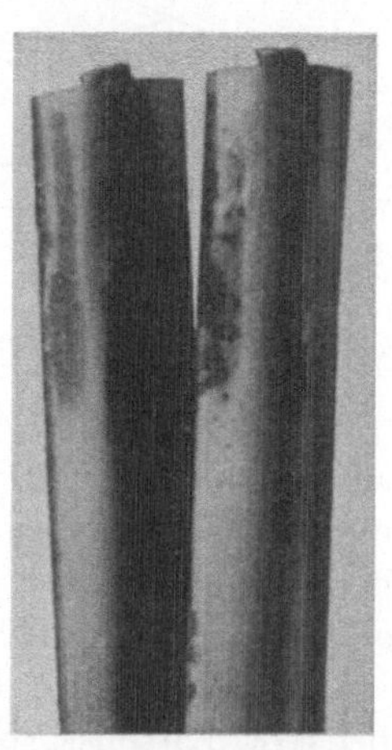
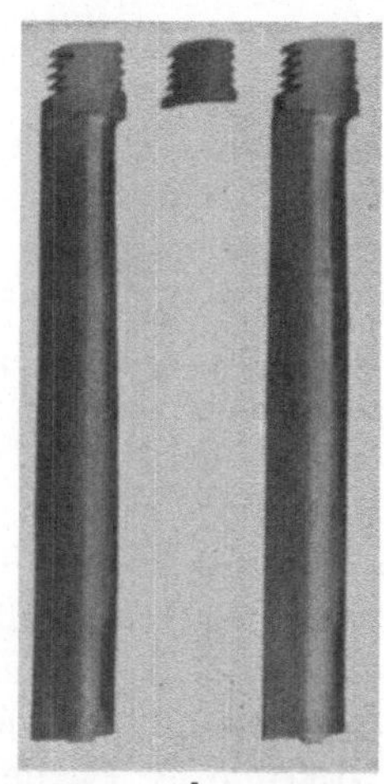
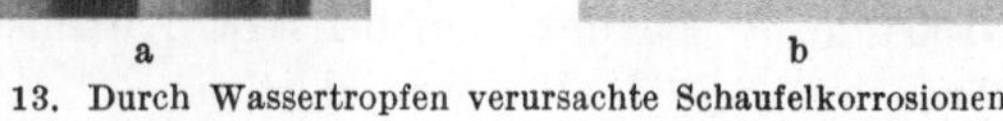

a   b

Abb. 13. Durch Wassertropfen verursachte Schaufelkorrosionen.

„Forner" bezeichneten Kurve. Sie stimmt im Gebiet geringer Überhitzung gut mit der Theorie des Wasserausfalls überein, trägt jedoch der Tatsache, daß die ersten 6—10 vH Nässe keinen schädlichen Einfluß auf den Wirkungsgrad haben, nicht Rechnung.

In neuerer Zeit ist wieder von Kraft (*10*) darauf hingewiesen worden, daß durch den Ausfall des Wassers Korrosionen an den Schaufeln der letzten Stufen veranlaßt werden. Aus Abb. 13, die dem Kraftschen Werke entnommen ist, sieht man deutlich, wie die Wassertropfen, von der Zentrifugalkraft nach außen geschleudert, gegen das äußere Ende des Schaufelrückens an der Eintrittskante der Laufschaufeln geprallt sind und diese beschädigt haben. Kraft zeigt an einem Geschwindigkeitsplan, daß in der Tat die stark verlangsamte Strömung der Wasserteilchen gerade an der bezeichneten Stelle zu schädlichen Stoßwirkungen führen muß.

Maschine IV.

Um nun noch den Beweis zu liefern, daß der Einfluß der Überhitzung auf den Wirkungsgrad aufhört, sobald der Endpunkt der Adiabate aus dem Sattdampfgebiet herausgetreten ist, ziehen wir die Versuche von Stodola an der Turbine der Ersten Brünner Maschinenfabriks-Gesellschaft für die Zuckerraffinerie in Nestomitz heran. Die Messungen fanden am 3. Juli 1923 statt und sind in der Zeitschr. des Vereins Deutscher Ingenieure, Bd. 67, S. 1165, veröffentlicht.

Die Meßwerte sind folgende:

Versuch		II a	II b
Frischdampfdruck . . . . p_1	ata	8,949	9,130
Frischdampftemperatur. . . . . t_1	°C	390,08	294,11
Gegendruck. . . . . p_2	ata	1,624	1,626
Arbeitsdampfmenge . . . . G	kg/h	11523	12717
Effektive Leistung. . . . . L_e	kW	1050,4	988,8
Dampfverbrauch. . . . . D_e	kg/kWh	10,970	12,861
Wärmegefälle nach Mollier . . . . h_0	kcal/kg	102,0	86,7
Effektiver Wirkungsgrad . . . . η_e	vH	76,9	77,2
Wirkungsgrad berichtigt nach Abzug der Strahlungsverluste usw.. . . . . η_e	vH	77,5	76,6
Druckverhältnis . . . . p_2/p_1		0,182	0,178
Adiabatische Überhitzung . . . . U		1,81	1,44

In Abb. 14 ist das theoretische Überhitzungsdiagramm für das mittlere Druckverhältnis $p_2/p_1 = 0{,}18$ aufgezeichnet. Nach diesem

Schaubild darf der Wirkungsgrad zwischen $U = 1,44$ und $U = 1,81$ nur um etwa 0,1 vH noch steigen. Wenn man nun berücksichtigt, daß die Drehzahlkurve dieser vielstufigen Turbine in dem in Frage kommenden Bereich (in der Gegend des Wirkungsgradmaximums) jedenfalls äußerst flach verläuft und die Berichtigung des Wirkungsgrades auf Grund der Strahlungsverluste, der Stopfbüchsen-

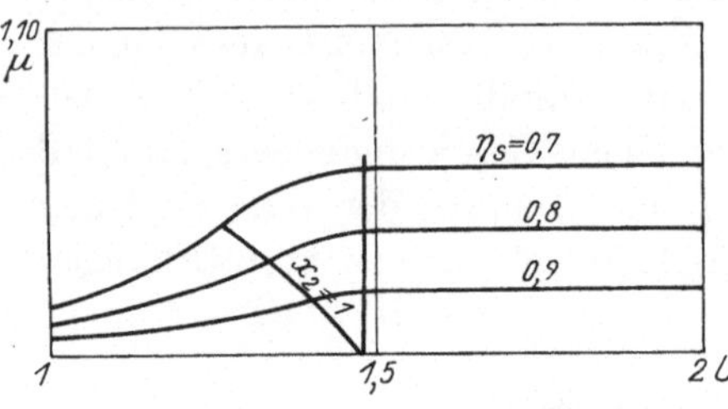

Abb. 14. μ-U-Diagramm für die Turbine Nestomitz der Ersten Brünner Maschinenfabriks-A.-G.

verluste und der ungleichen Erwärmung der Eisenmassen mit erheblichen Unsicherheiten behaftet ist, so darf man daraus den Schluß ziehen, daß der Wirkungsgrad in der Tat praktisch konstant geblieben ist und die Überhitzung keinen merklichen Einfluß mehr auf ihn gehabt hat. Stodola selbst äußert sich in der erwähnten Veröffentlichung wie folgt:

„Der thermodynamische Wirkungsgrad bei Versuch IIb, halbe Beaufschlagung bei niedriger Überhitzung, ist nach Anbringung aller Berichtigungen nur um 0,6 vH kleiner als bei Versuch IIa, trotz der um $390 - 294 = 96°$C kleineren Überhitzung. Damit wird die von Baumann (Manchester) aufgestellte These bestätigt, daß der Vorteil der erhöhten Überhitzung nicht in dieser selbst, sondern in dem weniger tiefen Eindringen der Expansion in das Naßdampfgebiet besteht."

III. Ergebnis.

Die Versuche und die Erfahrungen der Praxis zeigen übereinstimmend, daß das sich im Naßdampfgebiet bildende Wasser zum Teil aus der Strömung ausfällt, und die ihm innewohnende potentielle Energie verlorengeht. Die Messungen an mehreren Turbinen ergeben jedoch eindeutig, daß der Einfluß des Wassers sich erst bemerkbar macht, wenn der Dampfgehalt am Ende der Expansion geringer ist als $x_2 = 0,90$ bis $x_2 = 0,94$. Ist der Dampfgehalt größer, so bildet sich die Feuchtigkeit zwar in flüssiger Form aus; sie hat aber keinen nachteiligen Einfluß auf die Strömung. Die Theorie der Unterkühlung wird durch die Versuche nicht bestätigt.

Eine Überhitzungskurve verläuft demnach folgendermaßen. Beginnt die Expansion an der Grenzkurve und ist dabei $x_2 < 0,9$ oder 0,94, so ist der Wirkungsgrad gering, weil ein Teil des gebildeten Wassers keine Nutzarbeit mehr abgibt. Bei steigender Überhitzung wird der Wirkungsgrad zunächst schnell günstiger, bis der Punkt erreicht ist, an dem der Ausfall der Wassertropfen aus der Strömung aufhört. Jetzt steigt der Wirkungsgrad nur noch langsam, und diese Zunahme des Wirkungsgrades ist lediglich begründet durch die Verschiedenheit des Exponenten der Adiabate im Sattdampfgebiet und im Überhitzungsgebiet. Sie ist also nur eine rechnungsmäßige. Wenn die Expansionspolytrope ganz aus dem Sattdampfgebiet heraustritt, hört die scheinbare Verbesserung noch nicht auf, weil die Adiabate noch zum Teil mit λ_0 gerechnet ist und die Expansionspolytrope mit $\varkappa$. Erst wenn der Endpunkt der Adiabate die Grenzkurve erreicht und hierdurch die Inkongruenz in der Rechnung aufhört, ist die Wirkungsgradverbesserung zu Ende.

Zur praktischen Verwendung dieser Ergebnisse sind in einer Reihe von Tafeln die Überhitzungskurven für Kondensationsturbinen mit $\varepsilon = 0,001$ bis $\varepsilon = 0,05$ und für Gegendruckturbinen mit $\varepsilon = 0,05$ bis $\varepsilon = 0,5$ aufgezeichnet. In diesen Tafeln ist der Ausfall des Wassers bei $x_2 = 0,94$ angenommen worden. Da aber bei verschiedenen Versuchen der Knick in der Überhitzungskurve erst bei $x_2 = 0,92$ oder $x_2 = 0,90$ liegt, so sind die theoretischen Kurven gestrichelt noch bis zu $x_2 = 0,9$ weitergezeichnet worden. Unterhalb dieses Punktes verlaufen dann die Überhitzungskurven parallel zu den für $x_2 = 0,94$ gezeichneten, so daß sich ein besonderes Einzeichnen dieser Kurvenenden für $x_2 = 0,90$ erübrigt. Man kann an Hand der Tafeln die Überhitzungskurven für alle vorkommenden Fälle aufzeichnen.

Die Tafeln sind für Turbinen mit unendlicher Stufenzahl entworfen. Die endliche Stufenzahl z wird durch Hinzufügen des Faktors $\dfrac{z-1}{z}$ genügend genau berücksichtigt.

Für den Gebrauch der Tafeln sei noch darauf hingewiesen, daß sich bei großen Wärmegefällen die μ-Werte fast nicht voneinander unterscheiden, wenn man das Druckverhältnis ändert. Man kann daher, wenn beim Versuch das Druckverhältnis nicht genau mit dem einer Tafel übereinstimmt, ohne Bedenken die am besten pas-

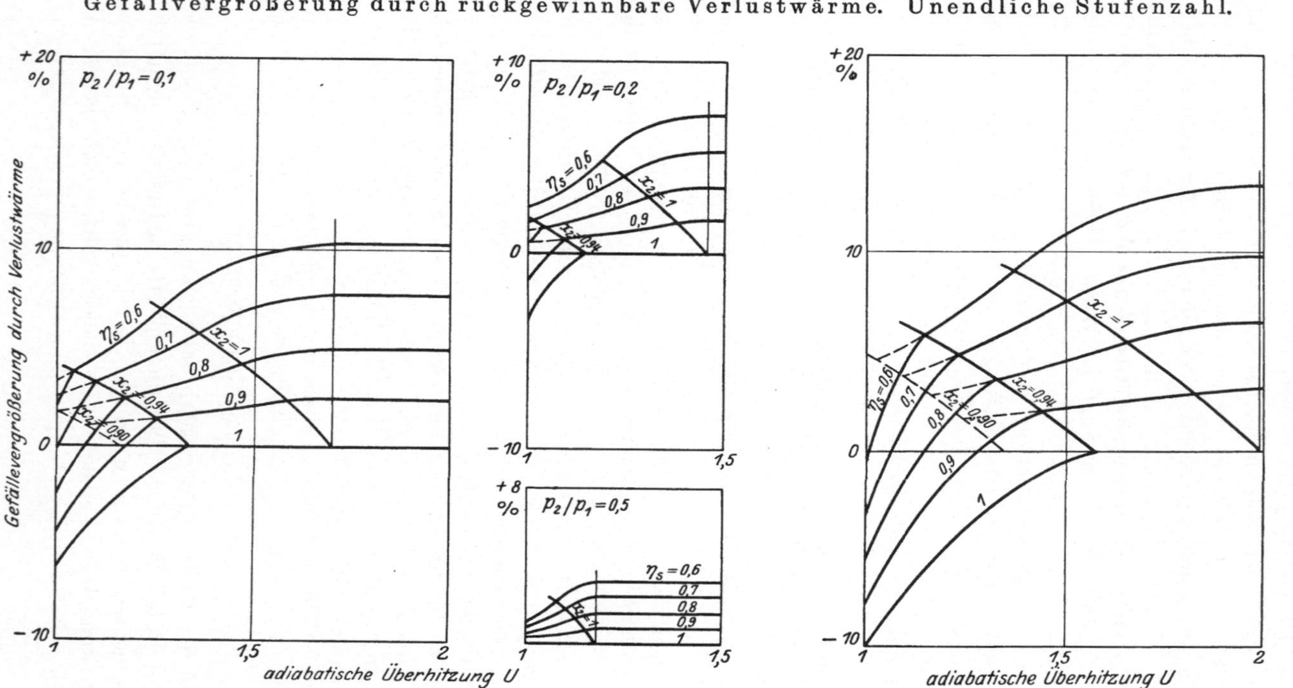

Abb. 15. Gegendruckturbinen. Druckverhältnis $\dfrac{p_2}{p_1} = 0,1$ bis $0,5$.

Abb. 16. Gegendruckturbinen. Druckverhältnis $\dfrac{p_2}{p_1} = 0,5$.

Gefällvergrößerung durch rückgewinnbare Verlustwärme. Unendliche Stufenzahl.

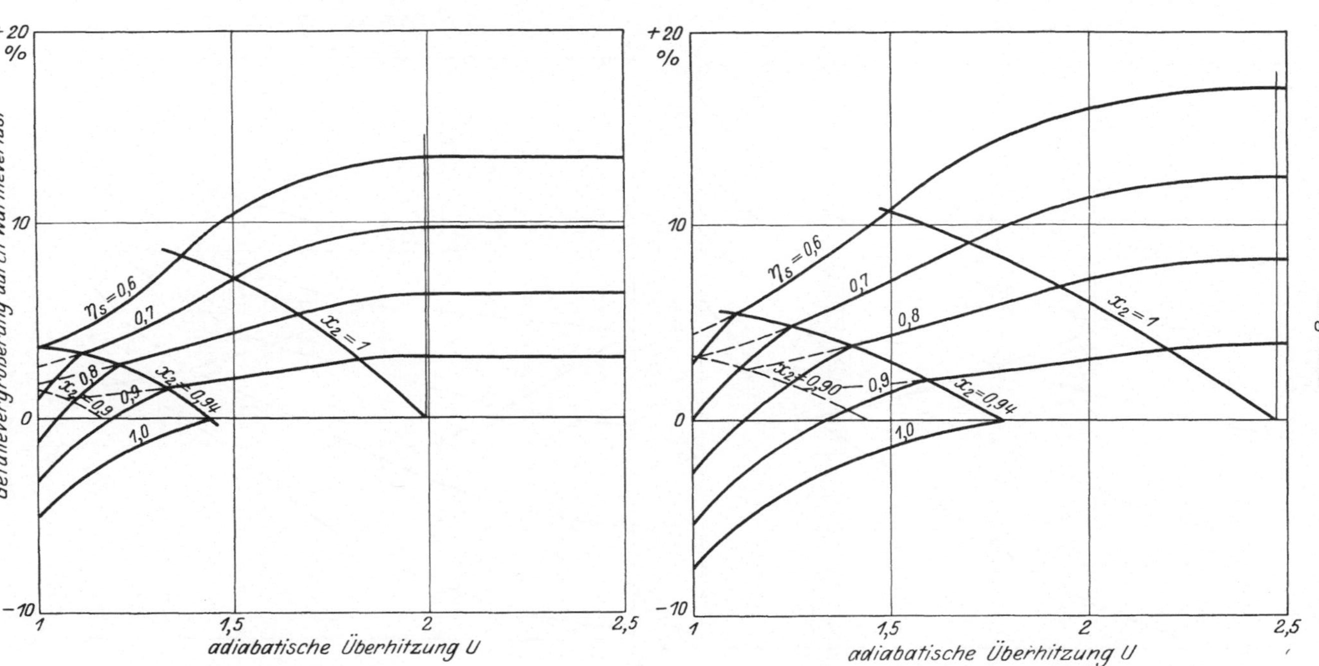

Abb. 17. Kondensationsturbinen. Druckverhältnis $\frac{p_2}{p_1} = 0,05$.

Abb. 18. Kondensationsturbinen. Druckverhältnis $\frac{p_2}{p_1} = 0,02$.

Gefällvergrößerung durch rückgewinnbare Verlustwärme.   Unendliche Stufenzahl.

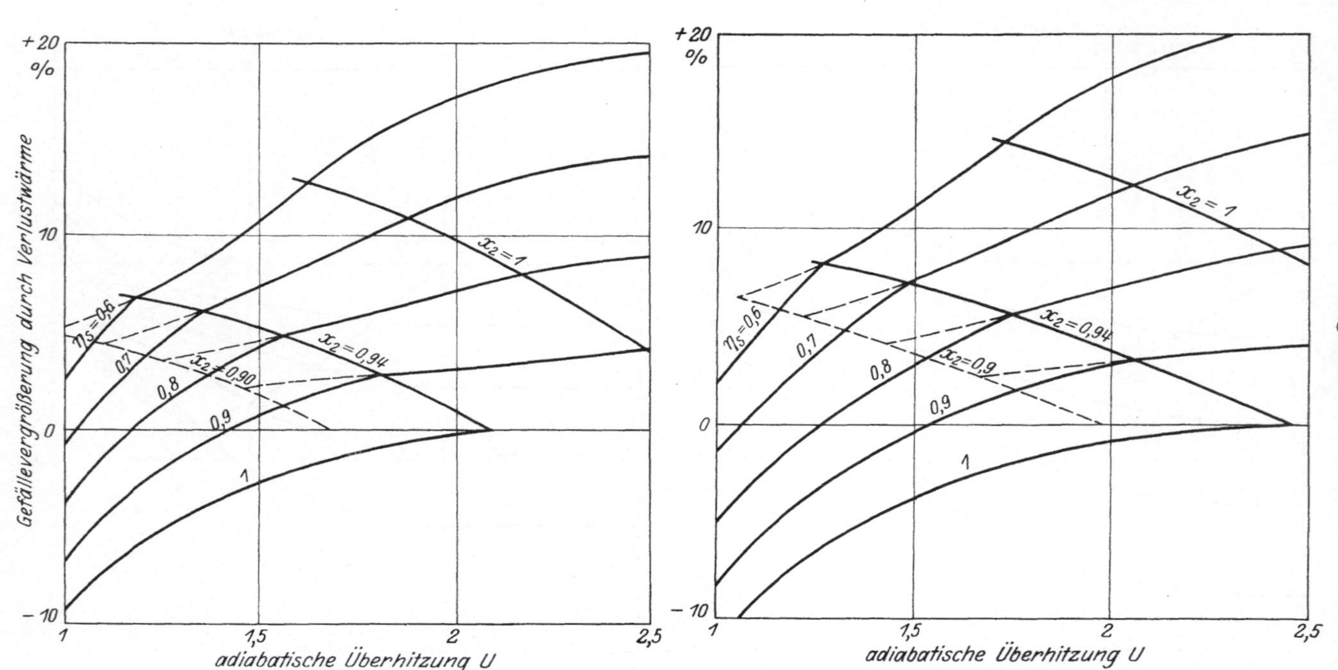

Abb. 19. Kondensationsturbinen. Druckverhältnis $\frac{p_2}{p_1} = 0,01$.

Abb. 20. Kondensationsturbinen. Druckverhältnis $\frac{p_2}{p_1} = 0,005$.

Gefällvergrößerung durch rückgewinnbare Verlustwärme. Unendliche Stufenzahl.

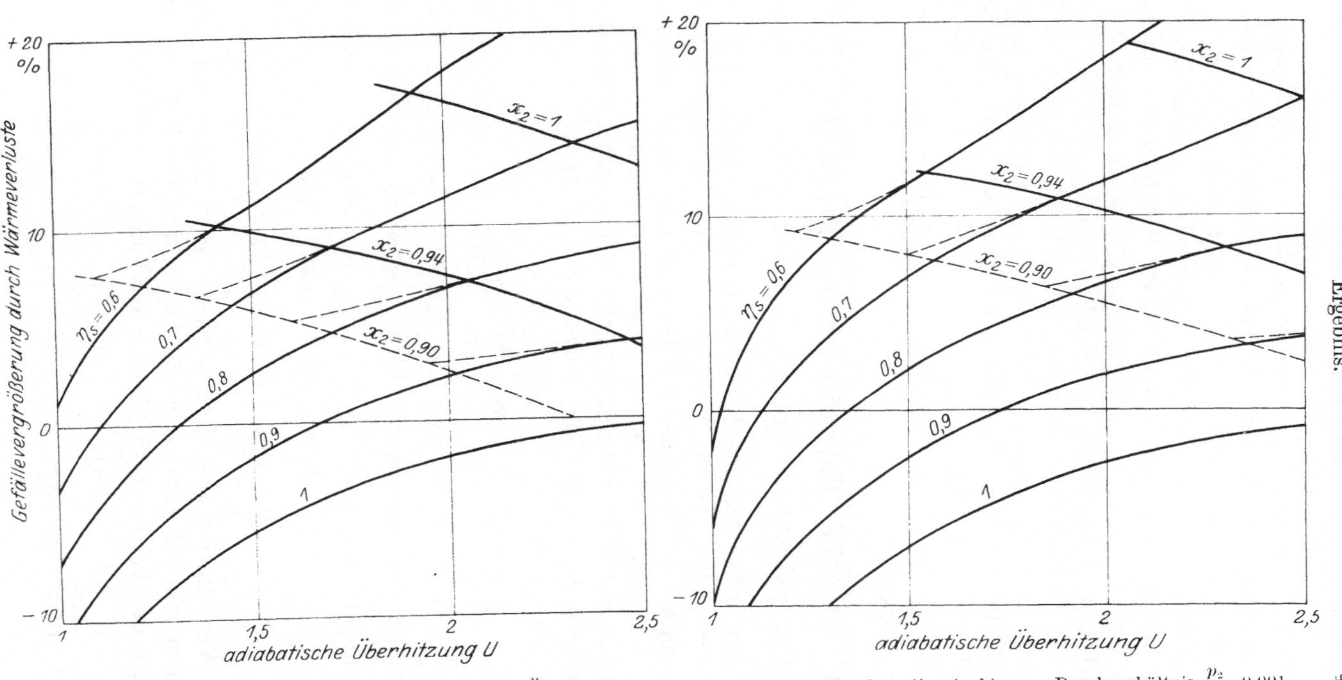

Abb. 21. Kondensationsturbinen. Druckverhältnis $\dfrac{p_2}{p_1} = 0,002$.

Abb. 22. Kondensationsturbinen. Druckverhältnis $\dfrac{p_2}{p_1} = 0,001$.

sende Tafel unmittelbar verwenden, d. h. wenn das Druckverhältnis für eine gegebene Turbine 0,006 ist, so ist es nicht notwendig,
eine neue Tafel zu zeichnen, sondern man kann ohne weiteres die
Tafel für $\varepsilon = 0,005$ verwenden. Nur bei ganz speziellen Untersuchungen, bei denen es, wie in dieser Arbeit, darauf ankommt,
die Theorie auf das genaueste zu prüfen, wird man für jede
Turbine ihre besondere $\mu\text{-}U$-Tafel zeichnen.

Der Vollständigkeit halber sei nochmals erwähnt, daß die
Tafeln mit $\varkappa = 1{,}300$, $\lambda_0 = 1{,}120$ für Kondensationsturbinen und
$\lambda_0 = 1{,}140$ für Gegendruckturbinen gerechnet sind. Die Nässe-
grade $(1 - x_2)$ wurden für Kondensationsturbinen auf der Linie
$p_2 = 0{,}05$ ata und für Gegendruckturbinen auf der Linie $p_2 = 2{,}00$
ata abgegriffen.

IV. Folgerungen und Beispiele.

A. Umrechnungswerte für Dampfverbrauchszahlen.

Die Tafeln für den Rückgewinnungsfaktor sind unmittelbar
zu verwenden, um die Umrechnungsziffern für den Dampfverbrauch bei verschiedenen Frischdampftemperaturen aufzustellen.

Zu diesem Zweck müssen wir zunächst eine Annahme darüber
machen, wie der Wirkungsgrad sich abhängig von u/c ändert. Wir
benutzen die empirische Gleichung von Forner[1]

$$\frac{\eta_r}{\eta_0} = \frac{1}{\dfrac{0{,}27}{\nu} + \sqrt{\nu}},$$

wo $\dfrac{\eta_r}{\eta_0}$ das Verhältnis zwischen dem unter bestimmten Normal-
verhältnissen erreichbaren Wirkungsgrad η_r und einem oberen
Grenzwert η_0 darstellt und $\nu = \left(\dfrac{u}{c}\right)_m$ ist. Diese Gleichung ergibt

ν	0,35	0,4	0,45	0,5
$\dfrac{\eta_r}{\eta_0}$	0,735	0,766	0,787	0,802 .

Wir wählen $\nu = 0{,}45$ als mittleren Wert, für den die Turbine
gebaut sein soll. Dann ist die Abweichung des Wirkungsgrades
gegen den bei $\nu = 0{,}45$ gültigen Wert in vH

$$-6{,}6, \quad -2{,}7, \quad 0, \quad +1{,}9 .$$

---

[1] VDI-Zeitschr. 1926.

Die Rechnung wurde für drei Frischdampfdrücke 10, 25 und 50 ata durchgeführt, der Gegendruck im Abdampfstutzen ist zu 0,05 ata angenommen. Hier sei das Beispiel mit 25 ata, 350° eingehend vorgetragen.

Zunächst werden die Wärmegefälle bei verschiedenen Frischdampftemperaturen aus der Entropietafel von Mollier abgegriffen:

$$t_1 \quad 300 \quad\quad 350 \quad\quad 400 \quad\quad 450 \ ^\circ\mathrm{C},$$

$$h_0 \quad 235,7 \quad 249,3 \quad 263,1 \quad 277,3 \ \mathrm{kcal/kg}.$$

Der theoretische Dampfverbrauch ist $D_0 = 860/h_0$, also:

$$D_0 \quad 3,65 \quad\quad 3,45 \quad\quad 3,27 \quad\quad 3,10 \ \mathrm{kg/kWh}.$$

Bei der Turbine, die bei 25 ata 350° C, d. i. bei 249,3 kcal/kg mit einem mittleren $u/c = 0,45$ arbeitet, erhält man folgende Tabelle. Dabei ist der Stufenwirkungsgrad mit $\eta_s = 0,75$ angenommen.

		°C	300	350	400
Frischdampftemperatur	t_1	°C	300	350	400
Adiabatische Überhitzung	U_1	—	1,28	1,46	1,65
Rückgewinn nach Abb. 21	μ	vH	+1,6	+4,3	+6,2
Änderung von μ gegen den Wert bei 350°C (entspricht der Wirkungsgradänderung)		vH	−2,7	0	+1,9
Mittlerer Wert	u/c		0,463	0,45	0,4385
Wirkungsgradänderung wegen u/c		vH	+0,55	0	−0,55
Gesamte Wirkungsänderung		vH	−2,15	0	+1,35

Um noch die Änderung des Dampfverbrauches einer gegebenen Turbine bei veränderter Frischdampftemperatur zu zeigen, haben wir die Veränderung des Wärmegefälles zu berücksichtigen. Diese Änderung des Dampfverbrauchs wollen wir in Prozenten ausdrücken, indem wir angeben, um wieviel der bei einer gegebenen Frischdampftemperatur gemessene Dampfverbrauch vergrößert oder verkleinert werden muß, wenn man die für 350° C gültige Verbrauchszahl erhalten will.

		°C	300	350	400
Frischdampftemperatur	t_1	°C	300	350	400
Theoretischer Dampfverbrauch	D_0	kg/kWh	3,67	3,45	3,27

44   Folgerungen und Beispiele.

Bei konstantem Wirkungsgrad müßte man also, um den Verbrauch bei 350° C zu erhalten, den gemessenen Dampfverbrauch ändern um

$$vH \qquad -5,5, \qquad 0, \qquad +5,5.$$

Hierzu kommt aber noch die oben errechnete Wirkungsgradänderung im Betrage von

$$vH \qquad -2,15, \qquad 0, \qquad +1,35.$$

Also ist die wirkliche Umrechnungszahl

$$vH \qquad -7,65, \qquad 0, \qquad +6,85.$$

Nach diesem Rechnungsverfahren wurden die Wirkungsgradänderungen und die Umrechnungszahlen für den Dampfverbrauch bei verschiedenen Drücken und Temperaturen ermittelt. Das Ergebnis ist in folgenden Tabellen zusammengestellt.

a) Frischdampfdruck 10 ata,
Gegendruck 0,05 ata,
Mittlerer Stufenwirkungsgrad 0,75.

Turbine gebaut für		250		300		350 °C	
Gemessene Frischdampftemperatur	°C	200	300	250	350	300	400
Abweichung im Wärmegefälle	vH	−5,2	+5,8	−5,45	+5,8	−5,5	+6,0
Abweichung im Wirkungsgrad	vH	−2,9	+2,3	−2,3	+1,4	−1,45	+0,75
Umrechnung	vH	−8,1	+8,1	−7,75	+7,2	−6,95	+6,75

b) Frischdampfdruck 25 ata,
Gegendruck 0,05 ata,
Mittlerer Stufenwirkungsgrad 0,75.

Turbine gebaut für		300		350		400 °C	
Gemessene Frischdampftemperatur	°C	250	350	300	400	350	450
Abweichung im Wärmegefälle	vH	−5,8	+5,8	−5,5	+5,54	−5,25	+5,40
Abweichung im Wirkungsgrad	vH	−3,2	+2,25	−2,15	+1,35	−1,40	+0,9
Umrechnung	vH	−9,0	+8,05	−7,65	+6,85	−6,65	+6,3

c) Frischdampfdruck 50 ata,
Gegendruck 0,05 ata,
Mittlerer Stufenwirkungsgrad 0,75.

Turbine gebaut für		350		400		450 °C	
Gemessene Frischdampf-temperatur	°C	300	400	350	450	400	500
Abweichung im Wärme-gefälle	vH	— 6,6	+ 6,1	— 5,75	— 6,55	— 5,25	— 5,15
Abweichung im Wirkungs-grad	vH	— 3,3	+1,8	— 1,85	— 1,25	— 1,30	— 0,8
Umrechnung	vH	— 9,9	— 7,9	— 7,6	— 6,8	— 6,55	+5,95

Es ist vielfach üblich, diese Umrechnung in der Form anzugeben, daß man sagt, für wieviel Grad Celsius sich der Wirkungsgrad oder der Dampfverbrauch um je 1 vH ändert.

Da wir in unserer Rechnung immer Abweichungen in der Frischdampftemperatur von je 50° gegen die Normaltemperatur gewählt haben, so haben wir die Zahl 50 durch die errechneten prozentualen Abweichungen im Wirkungsgrad oder durch die Umrechnungszahlen zu dividieren. Wir führen diese Rechnung noch durch für 10 ata 300° C, 25 ata 350° C und 50 ata 400° C. Es ergibt sich:

a) Frischdampfdruck 10 ata.

	250	350
Umrechnung auf 300 °C von °C	250	350
1 vH Wirkungsgradänderung pro °C	22	36
1 vH Dampfverbrauchsänderung pro °C	6,5	7,0

b) Frischdampfdruck 25 ata.

	300	400
Umrechnung auf 350° C von °C	300	400
1 vH Wirkungsgradänderung pro °C	23	37
1 vH Dampfverbrauchsänderung pro °C	6,5	7,3

c) Frischdampfdruck 50 ata.

	350	450
Umrechnung auf 400° C von °C	350	450
1 vH Wirkungsgradänderung pro °C	27	40
1 vH Dampfverbrauchsänderung pro °C	6,6	7,4

Dieses Ergebnis stimmt überein mit dem in der Praxis vielfach gebräuchlichen Satz: „6,5 bis 7° C Mehrüberhitzung entspricht einer Dampfverbrauchsverbesserung von 1 vH."

Hierbei liegt die adiabatische Überhitzung U des Bezugspunktes in allen Fällen in der Gegend von 1,5. Bei anderen Überhitzungen stimmt das Gesetz nicht mehr so genau. So ist z. B. für 25 ata beim Übergang von 250° auf 300° die Umrechnung 9 vH, das ist 1 vH

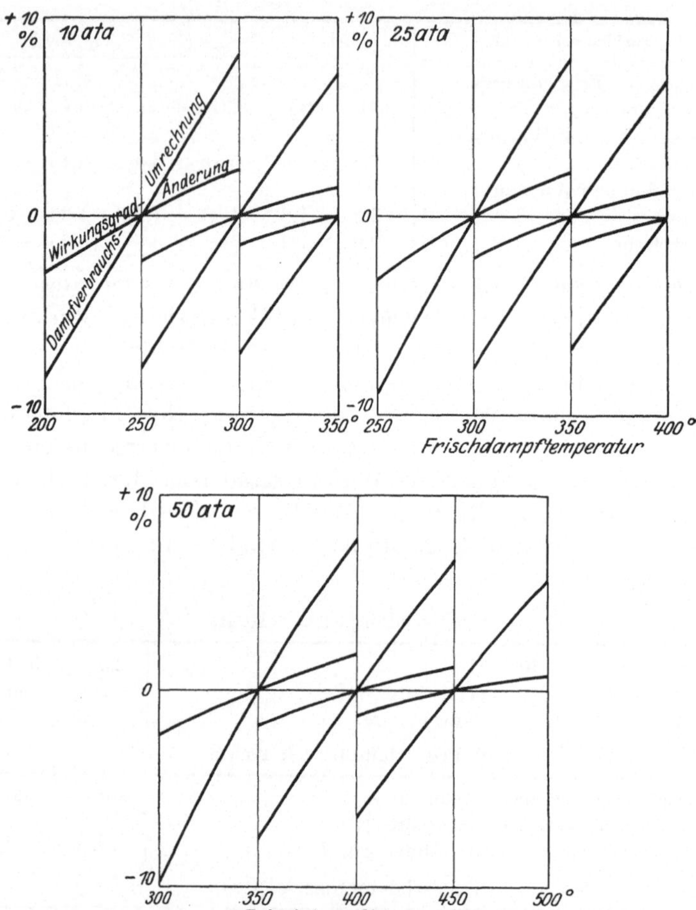

Abb. 23. Umrechnungswerte für Dampfverbrauch und Wirkungsgrad. Gültig für 95 % Vakuum, Stufenwirkungsgrad 75 %, $(u/c)_m$-normal = 0,45.

für etwa 5,5° C; beim Übergang von 350° auf 400° ist die Umrechnung 6,65 vH, das ist 1 vH für 7,5° C.

Man ersieht hieraus, daß es nicht möglich ist, den Einfluß der Dampftemperatur und der Nässe in einem einfachen Gesetz zusammenzufassen.

B. Zwischenüberhitzung.

Unsere Ergebnisse lassen sich unmittelbar verwenden, um die Frage, welchen Vorteil die Zwischenüberhitzung bringt, zu erörtern.

Zunächst soll untersucht werden, an welchem Punkt des Wärmegefälles die Zwischenüberhitzung stattfinden muß, damit sie die größtmögliche Verbesserung des thermischen Wirkungsgrades ergibt. Mit Rücksicht auf die Anlagekosten für den Zwischenüberhitzer, die notwendigen Rohrleitungen und Armaturen ist es allerdings durchaus möglich, daß das wirtschaftliche Optimum bei einem höheren Druck liegt, als sich hier errechnet. Man hat also jedenfalls in der Wahl des Zwischenüberhitzungsdruckes noch einen gewissen Spielraum. Ferner laufen die Kurven, die den Gewinn durch Zwischenüberhitzung angeben, in dem Gebiete des Optimums ziemlich flach, wie man z. B. aus der Arbeit von Blowney und Warren, in der die Frage schon auf Grund von angenommenen Rückgewinnungsfaktoren behandelt ist, ersehen kann. Diese Umstände berechtigen uns, die vereinfachende Annahme zu machen, daß der Stufenwirkungsgrad im Hoch- und Niederdruckteil der Turbine derselbe ist. Außerdem trifft dies bei so großen Einheiten, bei denen die Zwischenüberhitzung überhaupt in Frage kommt, auch im allgemeinen wirklich zu.

Als zweite Annahme setzen wir zur Vereinfachung der Rechnung fest, daß die Zwischenüberhitzung nicht bis zu voller Temperatur des Frischdampfes getrieben wird, sondern nur so weit, daß im Anfangspunkt für den Niederdruckteil der gleiche Wärmeinhalt vorhanden ist, wie im Anfang des Hochdruckteils, d. h. die beiden Anfangspunkte sollen auf einer Drosselkurve liegen. Diese Annahme ist berechtigt, denn es ist im allgemeinen nicht zulässig und auch nicht möglich, die Temperatur vor dem Niederdruckteil z. B. auf 400° C zu steigern, weil dadurch bei Teillasten die Gehäusetemperatur im Niederdruckteil zu hoch wird. Wenn man nun z. B. den Frischdampfzustand mit 50 ata 400° C ansetzt, so erkennt man, daß die Temperatur vor dem Niederdruckteil, auf der Drosselkurve abgegriffen, nicht wesentlich über 350° C liegt, eine Temperatur, die man für eingehäusige Turbinen mit geringem Anfangsdruck wohl als obere Grenze ansehen kann.

Wir bestimmen also die Lage des Maximums für η_{th} unter der Annahme, daß η_s in der ganzen Turbine konstant ist, und daß

$p_2 v_2 = p_1 v_1$ ist, wo der Index 2 den Anfangspunkt vor dem Niederdruckteil anzeigt, und der Index 1 den Anfangspunkt vor dem Hochdruckteil.

Die Summe der Stufengefälle für einen Expansionsabschnitt ist nach Gleichung (16a):

$$\sum h_1 = A \frac{\varkappa}{\varkappa - 1} \frac{P_1 v_1}{\eta_s} \left(1 - E_1^{\eta_s}\right).$$

Das ist, in den inzwischen eingeführten Bezeichnungen geschrieben:

$$\sum h_1 = \frac{A}{k \eta_s} P_1 v_1 \left(1 - \varepsilon_1^{\eta_s k}\right)$$

für beide Expansionsabschnitte zusammen:

$$\sum h = \frac{A}{k \eta_s} P_1 v_1 \left[\left(1 - \varepsilon_1^{\eta_s k}\right) + \left(1 - \varepsilon_2^{\eta_s k}\right)\right].$$

Das in der Turbine ausgenutzte Gesamtgefälle entsteht hieraus durch Multiplikation mit η_s, es ist:

$$\sum h_i = \frac{A}{k} P_1 v_1 \left[\left(1 - \varepsilon_1^{\eta_s k}\right) + \left(1 - \varepsilon_2^{\eta_s k}\right)\right]. \tag{33}$$

Diesem Ansatz liegt die Voraussetzung zugrunde, daß die Expansionslinie nirgends in das Sattdampfgebiet eintaucht. Aber auch, wenn ein geringes Eintauchen stattfindet, kann der Ansatz bestehen bleiben, weil er nicht zur Bestimmung der Größe des Maximums aufgestellt ist, sondern nur zur Bestimmung seiner Lage.

Die zugeführte Wärme ist im gewöhnlichen Kreisprozeß

$$Q = i_1 - q_0,$$

wo i_1 der Wärmeinhalt des Frischdampfes und q_0 der des zum Kessel zugeführten Wassers ist.

Beim Zwischenüberhitzungsprozeß wird außerdem die im Hochdruckteil verarbeitete Wärme nochmals zugeführt, das ist:

$$\frac{A}{k} P_1 v_1 \left(1 - \varepsilon_1^{\eta_s k}\right).$$

Für i_1 gilt die Formel:

$$i_1 = i'' + \frac{A}{k} P_1 v_1, \tag{34}$$

wo $i' = 467$ kcal/kg ist; wir ziehen nun die Konstanten zusammen und schreiben:

$$i' - q_0 = i_0.$$

Dann ist

$$Q = \frac{A}{k} P_1 v_1 \left(2 - \varepsilon_1^{\eta_s k}\right) + i_0. \tag{35}$$

Wir suchen eine Gleichung für η_{th}, in der ε_1 die Unbekannte ist. Zu diesem Zweck müssen wir Gleichung (32) noch umformen, indem wir uns erinnern, daß, wenn ε das Gesamtdruckgefälle der Turbine ist,

$$\varepsilon_2 = \frac{\varepsilon}{\varepsilon_1} \text{ ist.}$$

Dann ist

$$\sum h_i = \frac{A}{k} P_1 v_1 \left[2 - \varepsilon_1^{\eta_s k} - \varepsilon^{\eta_s k} \varepsilon_1^{-\eta_s k}\right]. \tag{36}$$

Für Gleichung (35) schreiben wir:

$$Q = \frac{A}{k} P_1 v_1 \left[2 - \varepsilon_1^{\eta_s k} + \frac{i_0}{i_1 - i'}\right], \tag{35a}$$

denn es ist nach (34)

$$i_1 - i' = \frac{A}{k} P_1 v_1.$$

Jetzt ist der thermische Wirkungsgrad:

$$\eta_{th} = \frac{2 - \varepsilon_1^{\eta_s k} - \varepsilon^{\eta_s k} \varepsilon_1^{-\eta_s k}}{2 - \varepsilon_1^{\eta_s k} + \dfrac{i_0}{i_1 - i'}}. \tag{37}$$

Um das Maximum zu finden, setzen wir

$$\frac{\partial \eta_{th}}{\partial \varepsilon_1^{\eta_s k}} = 0,$$

das ist:

$$\frac{\left(-1 + \varepsilon^{\eta_s k} \varepsilon_1^{-2\eta_s k}\right)\left(2 - \varepsilon_1^{\eta_s k} + \dfrac{i_0}{i_1 - i'}\right) + 2 - \varepsilon_1^{\eta_s k} - \varepsilon^{\eta_s k} \varepsilon_1^{-\eta_s k}}{\left(2 - \varepsilon_1^{\eta_s k} + \dfrac{i_0}{i_1 - i'}\right)^2} = 0,$$

ausgerechnet:

$$-\frac{i_0}{i_1 - i'} + 2\,\varepsilon^{\eta_s k}\,\varepsilon_1^{-2\,\eta_s k} - \varepsilon^{\eta_s k}\,\varepsilon_1^{-\eta_s k} + \varepsilon^{\eta_s k}\,\varepsilon_1^{-2\,\eta_s k}\,\frac{i_0}{i_1 - i'}$$
$$- \varepsilon^{\eta_s k}\,\varepsilon_1^{-\eta_s k} = 0\,.$$

Dies ist eine quadratische Gleichung für $\varepsilon_1^{\eta_s k}$:

$$\varepsilon_1^{2\,\eta_s k} + 2\,\varepsilon_1^{\eta_s k}\,\varepsilon^{\eta_s k}\,\frac{i_1 - i'}{i_0} = \varepsilon^{\eta_s k}\left(2\,\frac{i_1 - i'}{i_0} + 1\right). \tag{38}$$

Die Lösung ist:

$$\varepsilon_1^{\eta_s k} = -\frac{i_1 - i'}{i_0}\,\varepsilon^{\eta_s k} + \sqrt{\left(\frac{i_1 - i'}{i_0}\,\varepsilon^{\eta_s k}\right)^2 + \left(1 + 2\,\frac{i_1 - i'}{i_0}\right)\varepsilon^{\eta_s k}}\,. \tag{39}$$

Diese Gleichung ist nun rechnerisch auszuwerten.

Wir wählen die Anfangspunkte der Expansion so, daß sie auf einer Kurve $U_1 = 1{,}50$ liegen. Damit treffen wir gut die in der Praxis in Frage kommenden Frischdampfzustände. Auf dieser Linie liegen nämlich z. B. die Punkte

53 ata	$400°$
32 ,,	$375°$
21 ,,	$350°$
13 ,,	$325°$

So tragen wir der Tatsache Rechnung, daß praktisch immer eine hohe Frischdampftemperatur mit einem hohen Druck zusammengehört.

Die Rechnung wurde für 95 vH Vakuum durchgeführt, und zwar sowohl für $\eta_s = 0{,}7$ als auch für $\eta_s = 0{,}8$. Es ergibt sich, daß der Stufenwirkungsgrad fast keinen Einfluß auf die Lage des Optimums hat. Die günstigsten Zwischenüberhitzungsdrücke sind für $\eta_s = 0{,}7$ bis $0{,}8$ etwa folgende:

Anfangsdruck	Zwischenüberhitzungsdruck
10 ata	1,6 ata
20 ,,	2,6 ,,
30 ,,	3,4 ,,
40 ,,	4,1 ,,
50 ,,	4,8 ,,
60 ,,	5,3 ,,
80 ,,	6,3 ,,
100 ,,	7,0 ,,

Um den wirklichen Gewinn durch Zwischenüberhitzung zu ermitteln, führen wir die Rechnung mit $U_1 = 1,5$ für vier verschiedene Fälle durch, und zwar für

10 ata	314°	$p_2 =$	1,6 ata
25 ,,	359°	$p_2 =$	3,0 ,,
50 ,,	398°	$p_2 =$	4,8 ,,
100 ,,	441°	$p_2 =$	7,0 ,,

Die Berechnung wurde angestellt für verschiedene Zwischenüberhitzungstemperaturen, und zwar

$$U_2 = 1,5, \qquad U_2 = 1,8,$$
$$U_2 = 2,0.$$

Die thermischen Wirkungsgrade, die sich auf diese Weise ergeben, sind in Abb. 24 aufgetragen. In der Darstellung wurde als Abszisse der Frischdampfdruck und als Ordinate der thermische Wirkungsgrad gewählt. Als Parameter ergibt sich dann die Zwischenüberhitzung U_2 einmal für $\eta_s = 0,7$ und einmal für $\eta_s = 0,8$. Die beiden Bilder, die so entstehen, werden oben begrenzt durch je eine Linie, die mit $t_2 = t_1$ bezeichnet ist und angibt, daß die Zwischen-Überhitzungstemperatur gleich der Frischdampftemperatur ist. Zur besseren Übersicht sind auch noch die zu den verschiedenen U_2-Werten gehörigen Temperaturen in °C aufgetragen sowie der günstigste Druck p_2, mit dem die ganze Rechnung durchgeführt wurde.

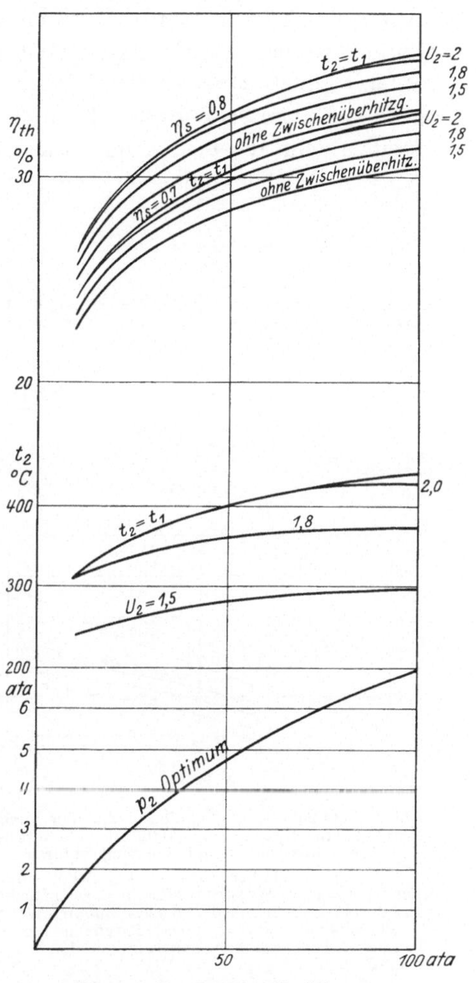

Abb. 24. Zur Zwischenüberhitzung.
Günstigster Zwischenüberhitzungsdruck.
Zusammengehörige Werte von adiabatischer Überhitzung und Zwischenüberhitzungstemperatur.
Thermische Wirkungsgrade bei verschiedenen Zwischenüberhitzungstemperaturen.

Aus Abb. 24 kann man nun durch Differenzbildung den Gewinn durch Zwischenüberhitzung feststellen. Dieser ist in Abb. 25 und 26 aufgezeichnet. Diese beiden Bilder zeigen, daß der Stufenwirkungsgrad η_s keinen sehr großen Einfluß auf die Größe des Gewinnes besitzt, denn die beiden mit „thermischer Gewinn" bezeichneten Kurven weichen nur sehr wenig voneinander ab. Um so auffallender ist die Abweichung in der Lage der mit „thermodynamischer Gewinn" bezeichneten Kurven in den beiden Abbildungen. Der thermodynamische Gewinn gibt an, um wieviel sich das η_i beim Zwischenüberhitzungsprozeß von dem η_i beim Prozeß ohne Zwischenüberhitzung unterscheidet, gleicher Stufenwirkungsgrad in beiden Fällen angenommen. Durch diesen Unterschied wird zum Ausdruck gebracht, um wieviel die rückgewinnbare Wärme infolge der höheren Überhitzung im Niederdruckteil gestiegen ist. Man erkennt aus den beiden Abb. 25 und 26, daß der thermo-

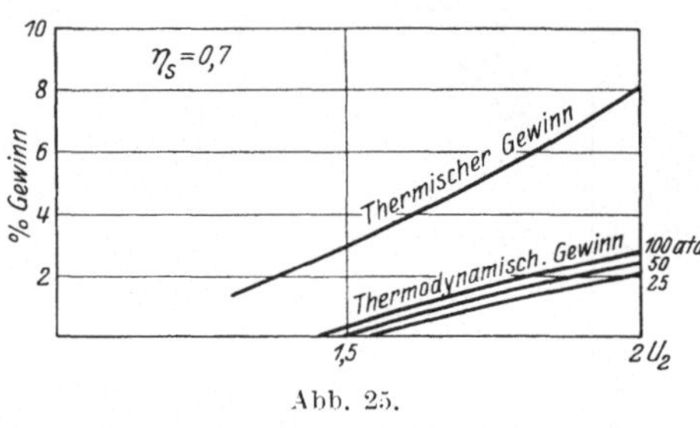

Abb. 25.

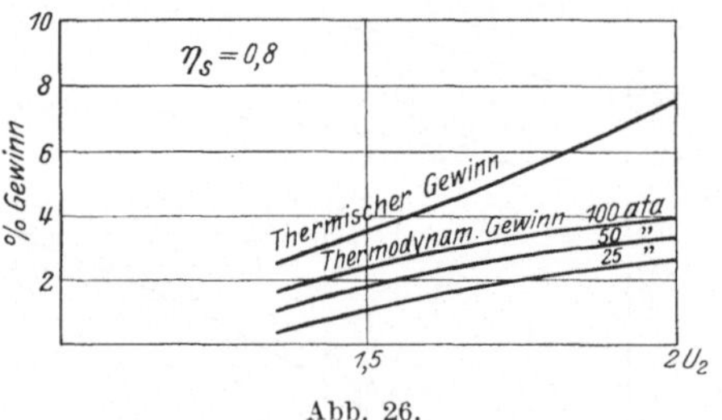

Abb. 26.

Abb. 25 und 26. Gewinn durch Zwischenüberhitzung gerechnet, für $U_1 = 1,5$, $p_2 = 0,05$ ata, bei verschiedenen Zwischenüberhitzungstemperaturen.

Thermodynamischer Gewinn = Gewinn durch Verringerung des Wasserausfalles im Niederdruckteil und durch Vergrößerung der rückgewinnbaren Wärme.

Thermischer Gewinn = thermodynamischer Gewinn + Gewinn durch Annäherung an den Carnot-Prozeß.

dynamische Gewinn bei $\eta_s = 80$ vH ungefähr die Hälfte von dem Gesamtgewinn ausmacht, während bei 70 vH dieser Anteil nur etwa ein Viertel bis ein Drittel beträgt. Das kommt daher, daß bei gutem Wirkungsgrade der Niederdruckteil viel tiefer in das Sattdampfgebiet hineinkommt als bei schlechterem Wirkungsgrad. Die durch die Annäherung an den Carnotprozeß hervorgerufene Wirkungsgradverbesserung ist bei $\eta_s = 0,7$ größer als bei $\eta_s = 0,8$, infolgedessen ist der Gesamtgewinn, wie schon erwähnt, in beiden

Fällen ungefähr der gleiche, und zwar bei $U_2 = 1{,}8$ bis $2{,}0$ etwa 6 bis 8 vH.

Für die Auswertung der Theorie auf praktische Fälle muß man natürlich noch im Zwischenüberhitzer und den Rohrleitungen und Armaturen auftretende Verluste berücksichtigen, wodurch der theoretische Gewinn verkleinert wird. Nach einer Angabe im Power Bd. 61, S. 720. 1925, beträgt im Kraftwerk Philo (Ohio) der aus den Betriebsablesungen sich ergebende Gewinn durch Zwischenüberhitzung etwa 4 vH bei $p_1 =$ etwa 39 ata, $U_1 = 1{,}5$, p_2 schätzungsweise im Mittel $= 8$ ata, $U_2 = 1{,}8$.

Unsere Kurve ergibt für diese Verhältnisse etwa 5,8 vH Verbesserung. Die Differenz von 1,8 vH ist auf die erwähnten zusätzlichen Verluste und darauf zurückzuführen, daß nicht mit dem günstigsten Zwischenüberhitzungsdruck gefahren wurde.

Auf die Zwischenüberhitzung mit mehreren Zwischenüberhitzungsstufen soll hier nicht eingegangen werden.

C. Der Einfluß des Hochdruckteils auf den Gesamtwirkungsgrad einer Dampfturbine.

Dieses Problem ist eines der wichtigsten Anwendungsgebiete unserer Theorie der rückgewinnbaren Verlustwärme.

Es wurden zwei weit auseinander liegende Fälle untersucht, nämlich zuerst eine Turbine mit Frischdampf von 10 ata 250° und dann eine solche mit 30 ata 400°.

Der Gang der Rechnung ist folgender:

Für den Hochdruckteil werden verschiedene Druckverhältnisse angesetzt und für jedes Druckverhältnis außerdem noch verschiedene Wirkungsgrade η_i. Dadurch erhält man die Anfangspunkte für die Expansion im Niederdruckteil. Hier kann man nun η_s annehmen und den Rückgewinnungsfaktor aus den Tafeln hinzufügen. So erhält man eine Anzahl von Gesamtwirkungsgraden, die man miteinander vergleichen muß, um den Einfluß des Hochdruckteils zu erhalten.

Der Knick, der sich beim Eintreten des Wassereinflusses in den Kurven für den Rückgewinnungsfaktor zeigt, müßte sich auch in den Kurven für den Einfluß des Hochdruckteils wieder abbilden. Mit Rücksicht darauf jedoch, daß die Lage dieses Knicks bei verschiedenen Turbinen verschieden ist, wurde er in den

Linien der Abb. 27 und 28 ausgeglichen; der hierdurch entstandene Fehler beträgt höchstens 0,1 vH und ist daher zu vernachlässigen.

Bei der Rechnung stellte sich ferner heraus, daß der Wirkungsgrad des Niederdruckteils in gewissen Grenzen fast ohne Einfluß auf den Verlauf der Kurven ist. Die abgebildeten Kurven sind genau für $\eta_s = 0{,}75$ im Niederdruckteil gerechnet, sie gelten jedoch in dem ganzen in Betracht kommenden Bereich zwischen $\eta_{iND} = 0{,}7$ und 0,85.

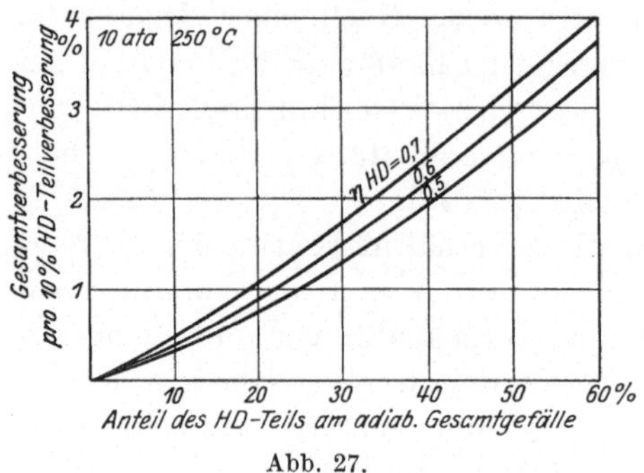

Abb. 27.

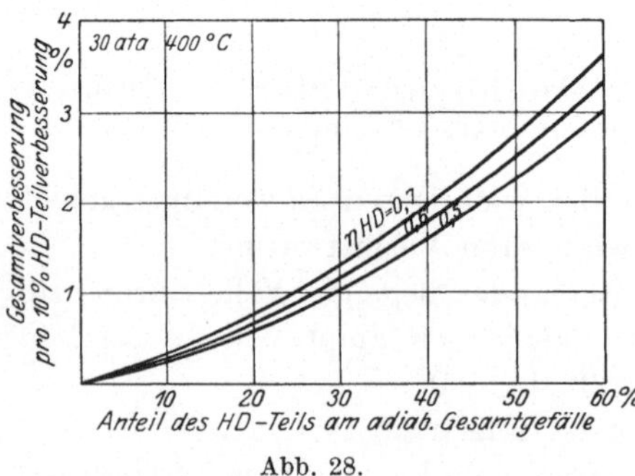

Abb. 28.

Abb. 27 und 28. **Einfluß einer Verbesserung des Hochdruckteils auf den Gesamtwirkungsgrad einer Dampfturbine.**

Gerechnet für ein Vakuum von 95 vH im Abdampfstutzen und einen Wirkungsgrad des Niederdruckteils von 70—80 vH.

An den aufgezeichneten Kurven ist besonders auffällig, daß das Bild für 10 ata 250° nur sehr wenig von dem für 30 ata 400° verschieden ist. Es war daher nicht notwendig, für Zwischenpunkte noch weitere Rechnungen anzustellen.

Das Ergebnis läßt sich dahin zusammenfassen, daß der Einfluß des Hochdruckteils im Mittel gerade halb so groß ist, als er sich ergibt, wenn man die Veränderung des Gesamtwirkungsgrades aus dem Gefälleanteil des Hochdruckteils und seiner Veränderung einfach ausrechnet; wenn z. B. der Hochdruckteil 30 vH vom Gefälle verarbeitet und um 10 vH verbessert wird, so würde man auf eine Gesamtverbesserung von 3 vH schließen. In Wirklichkeit ist sie aber nur ungefähr 1,5 vH.

Ob der Wirkungsgrad des Hochdruckteils durch Drosseln oder auf andere Weise verändert wird, ist für unser Ergebnis gleichgültig. Es ist daher möglich, den Einfluß des Hochdruckteils zu messen, indem man einmal mit nichtgedrosseltem Dampf und dann mit gedrosseltem Dampf fährt, und den Wirkungsgrad auf das ungedrosselte Gefälle bezieht. In der oben angezogenen Arbeit von Forner finden sich solche Versuche an einer AEG-Turbine von 3000 kW, $n = 1500$ Uml./min, die aus einem Curtisrad und neun Niederdruckstufen besteht. Das Curtisrad verarbeitet im Mittel etwa 43,5 vH vom Gesamtgefälle; die Turbine arbeitet mit 13,04 ata 309° und 96,4 vH Vakuum.

Das Wärmegefälle des Hochdruckteils ist nach den Tafeln von Mollier ungedrosselt 102 kcal/kg; es wurde durch Drosseln verkleinert auf folgende Beträge:

Versuch	3	4	5	6
h_{HD} . . . . . kcal/kg	102	89,5	80,5	72,5

Forner gibt den Wirkungsgrad am Radumfang der Curtisstufe an mit:

$$\eta_{uHD} \cdot \cdot \cdot 0{,}573 \qquad 0{,}604 \qquad 0{,}621 \qquad 0{,}625 \,.$$

Hieraus ergibt sich der Wirkungsgrad, bezogen auf das ungedrosselte Gefälle von 102 kcal/kg, zu

$$0{,}573 \qquad 0{,}530 \qquad 0{,}490 \qquad 0{,}444 \,.$$

Die Radreibung macht noch etwa 21 kW aus, das sind bei der Dampfmenge von etwa 11 500 kg/h 1,6 kcal/kg, also ist der innere Wirkungsgrad des Hochdruckteils

$$\eta_{iHD} \cdot \cdot \cdot 0{,}564 \qquad 0{,}522 \qquad 0{,}483 \qquad 0{,}438 \,.$$

Der Wirkungsgrad des Hochdruckteils wurde also verbessert

zwischen Versuch 6 und 5 um 10,30 vH
    „   „   5 „ 4 „   8,08 „
    „   „   4 „ 3 „   8,05 „

Der Dampfverbrauch betrug nach der Fornerschen Messung, auf gleiche Verhältnisse umgerechnet,

bei Versuch	3	4	5	6
D_i . . . . . . kg/kWh	5,54	5,62	5,725	5,83

Er verbesserte sich also

zwischen Versuch 6 und 5 um 1,83 vH
,,   ,,   5 ,, 4 ,, 1,87 ,,
,,   ,,   4 ,, 3 ,, 1,45 ,,

Auf je 10 vH Verbesserung im Hochdruckteil verbesserte sich also die ganze Maschine

zwischen Versuch 6 und 5 um 1,78 vH
,,   ,,   5 ,, 4 ,, 2,32 ,,
,,   ,,   4 ,, 3 ,, 1,80 ,,

In unseren Kurven greifen wir ab für $\eta_{iHD} = 0,5$

bei 10 ata 250° 95,0 vH Vakuum 2,17 vH Verbesserung der Gesamtturbine,
,, 30 ,, 400° 95,0 ,,   ,,   1,81 ,,   desgleichen,
,, 13 ,, 309° 96,4 ,,   ,, also etwa 2 vH   desgleichen

für je 10 vH Hochdruckteilverbesserung. Dies würde zwischen Versuch 5 und 3 gelten. Das arithmetische Mittel der Verbesserungen zwischen Versuch 5 und 4 und Versuch 4 und 3 ist 2,06 vH (Versuch 6 liegt mit $\eta_i = 0,348$ schon zu weit von unserer Kurve, die für $\eta_i = 0,5$ gezeichnet ist, ab). Die Übereinstimmung zwischen Messung und Rechnung ist vollkommen.

Obwohl dieses Ergebnis sehr befriedigend ist, muß doch betont werden, daß die Nachprüfung der Kurven in Abb. 27 und 28 durch Versuche immer nur die Größenordnung der aufgezeichneten Beträge bestätigen kann, nicht diese selbst, denn es handelt sich ja um die Feststellung von Differenz in der Höhe von wenigen Prozenten, während es wohl kaum möglich ist, die Streuung von Messungen unter 1 vH herunterzudrücken.

Um auch den Einfluß des Hochdruckteils auf den Gesamtwirkungsgrad bei Zwischenüberhitzung zu bestimmen, wurde der thermische Wirkungsgrad bei 50 ata 398° $U_1 = 1,5$ und bei 25 ata 359° $U_1 = 1,5$ untersucht, für den Fall, daß der Wirkungsgrad aller Stufen 80 vH ist und für den Fall, daß die Hochdruckstufen nur $\eta_s = 0,70$ besitzen, und zwar beide Male für $U_2 = 1,8$ und $U_2 = 1,5$.

Es ergeben sich folgende Werte:

a) 50 ata 398°.

	U_2	1,5	1,8
1. $\eta_s = 0,8$ in allen Stufen . . . . vH	η_{th_1}	32,1	32,7
2. $\eta_{sHD} = 0,7$, $\eta_{sND} = 0,8$ . . . . ,,	η_{th_2}	31,25	31,8
Verbesserung vH		2,7	2,8

Um die wirkliche Wirkungsgradverbesserung im Hochdruckteil festzustellen, müssen wir noch die rückgewinnbare Wärme berücksichtigen. Diese ist für das angenommene Druckverhältnis von

$$\frac{p_2}{p_1} = 0,1 \quad \text{bei} \quad U_1 = 1,5: \quad 7,0 \text{ vH} \quad \text{für} \quad \eta_s = 0,7,$$
$$4,4 \text{ ,, \quad ,, } \quad \eta_s = 0,8,$$

also ist $\eta_i = 74,9$ bzw. $83,5$ vH. Wir haben somit eine Verbesserung von η_{iHD} um $\dfrac{8,6}{0,749} = 11,5$ vH vorausgesetzt.

Die Verbesserung der ganzen Turbine beträgt also

$$\left.\begin{array}{l} \text{bei} \quad U_2 = 1,5 \quad 2,35 \text{ vH} \\ \text{,,} \quad U_2 = 1,8 \quad 2,43 \text{ vH} \end{array}\right\} \quad \text{Mittel} \ 2,39 \text{ vH};$$

b) bei 25 ata 359° erhält man entsprechend

		$U_2 = 1,5$	1,8
1. $\eta_s = 0,8$ in allen Stufen . . . . vH	$\eta_{th_1} = 29,4$	30,0	
2. $\eta_{sHD} = 0,7$, $\eta_{sND} = 0,8$ . . . . ,,	$\eta_{th_2} = 28,4$	29,1	
Verbesserung vH		3,01	3,00

η_{iHD} wurde von 74,9 vH auf 83,5 vH, also um 11,5 vH verbessert, auf je 10 vH Verbesserung des Hochdruckteils kommen also sowohl bei $U_2 = 1,5$ auch bei $U_2 = 1,8$:

$$2,61 \text{ vH}.$$

Der Anteil des Hochdruckteils am ursprünglichen adiabatischen Gesamtgefälle (ohne Zwischenüberhitzung) war

$$\text{bei 50 ata 398° 44,8 vH},$$
$$\text{,, 25 ata 359° 48,0 vH}.$$

Wir fassen zusammen:

Dampfzustand U_1	Gefälleanteil des HD-Teiles	Verbesserung der Gesamtwirkung pro 10 vH HD-Teilverbesserung
50 ata 398° 1,5	44,8	2,41 vH
25 ,, 359° 1,5	48,0	2,61 ,,

Diese beiden Punkte liegen fast genau auf der für 30 ata 400° $\eta_i HD = 0,7$ gezeichneten Kurve aus Abb. 28. Hieraus folgt, daß weder die Zwischenüberhitzung noch ihr Grad auf die Bedeutung des Hochdruckteils einen merklichen Einfluß hat. Der

Einfluß des Hochdruckteils auf den Gesamtwirkungsgrad wird durch die Zwischenüberhitzung nicht geändert.

D. Der Verlust durch Drosselregulierung bei Kondensationsturbinen.

Auf der Drosselkurve ist $p \cdot v = $ konst.

Die Überhitzung im Ausgangspunkt $p_1 v_1$ ist

$$U_1 = \frac{P_1 v_1}{P_{s_1} v_{s_1}} .$$

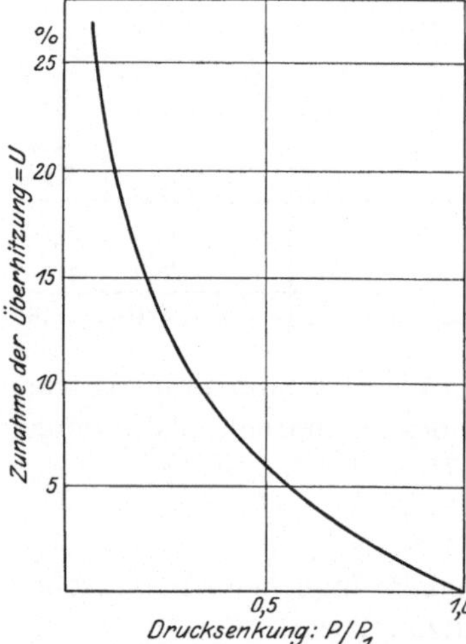

Abb. 29. Änderung der adiabatischen Überhitzung auf der Drosselkurve $P \cdot v = $ konst.

Bei einem beliebigen gedrosselten Druck P sei sie

$$U = \frac{P v}{P_s v_s} .$$

Wegen

$$P_1 v_1 = P v$$

ist also

$$\frac{U}{U_1} = \frac{P_{s_1} v_{s_1}}{P_s v_s} .$$

Da nun

$$P_s v_s^\sigma = \text{konst.}$$

ist, so folgt

$$\frac{U}{U_1} = \left(\frac{P_{s_1}}{P_s}\right)^{\frac{\sigma - 1}{\sigma}} = \left(\frac{P_{s_1}}{P_s}\right)^s .$$

Es ist aber auch

$$U = \left(\frac{P}{P_s}\right)^k ;$$

also folgt

$$\frac{U}{U_1} = \left(\frac{P_1}{P}\right)^{\frac{s}{1 - \frac{s}{k}}} . \tag{40}$$

Dies ist die allgemeine Gleichung für die Zunahme der Überhitzung bei der Drosselung. Die Zahlenwerte sind aus Abb. 29 zu entnehmen. Die Kurve zeigt z. B., daß beim Drosseln auf die Hälfte des Anfangsdruckes die Überhitzung immer um 6 vH zunimmt.

Um den sich hieraus ergebenden Einfluß auf den Wirkungsgrad zu bestimmen, brauchen wir nur aus unseren Tafeln für den
Rückgewinnungsfaktor die
entsprechenden Punkte an-
schaulich aufzutragen. Dies
ist in Abb. 30 und 31 beispielsweise für $P_2/P_1 =$
0,002 oder $P_1/P_2 = 500$ geschehen. Es ist je ein Diagramm für $\eta_s = 0,7$ und
$\eta_s = 0,8$ aufgezeichnet. Dabei ist angenommen, daß
die Nässe von $x_2 = 0,94$ ab
ausfällt. Man ersieht aus
den Diagrammen, daß z. B.
für $U_1 = 1,5$, was ungefähr
bei 20 atü einer Anfangs-
temperatur von 350° ent-
spricht, der Wiedergewinn
beim halben Druck P_1/P_2
$= 250$ schon um 1 vH bei
$\eta_s = 0,7$ und um 1,3 vH
bei $\eta_s = 0,8$ gestiegen ist.
Bei kleiner Anfangsüber-
hitzung ist die Steigerung
noch etwas größer.

Wir wollen das Beispiel
für 20 atü 350° 96 vH Va-
kuum noch etwas weiter
ausführen.

Das adiabatische Wär-
megefälle ist bei vollem
Druck 250 kcal/kg. Nehmen
wir an, daß das Vakuum

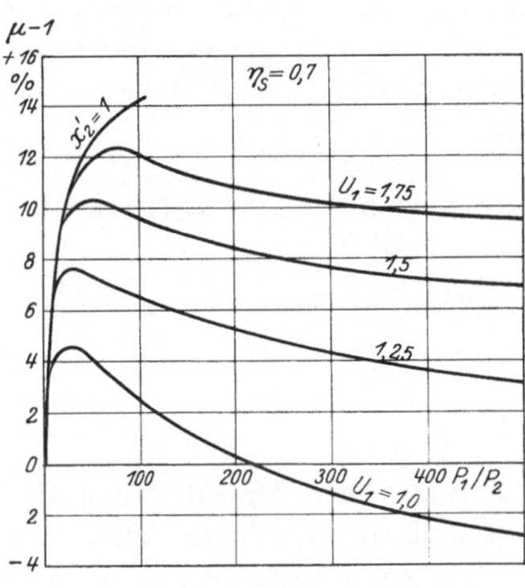

Abb. 30.

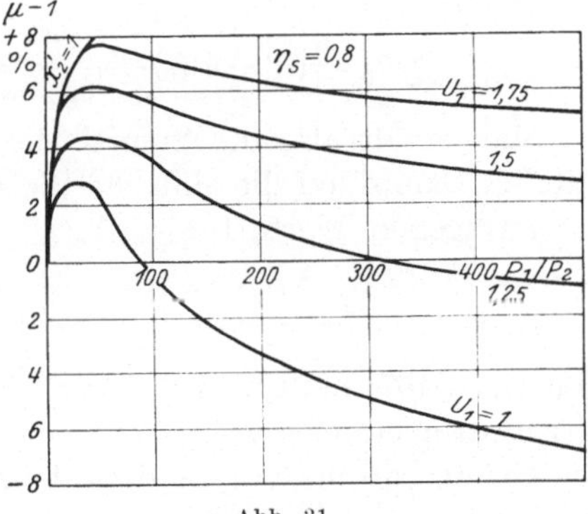

Abb. 31.

Abb. 30 und 31. Einfluß der rückgewinnbaren
Wärme auf den Teillastwirkungsgrad bei Drosselregulierung.

Gültig für ein Druckverhältnis $P_1/P_2 = 500$
beim ungedrosselten Zustand.

wie üblich, bei Teillasten durch die gleichbleibende Kühlwasser-
menge verbessert wird und bei der halben Dampfmenge, also
auch dem halben Druck, 96,6 vH beträgt, so ist das adiabatische
Gefälle bei 9,5 atü 340° 96,6 vH Vakuum 232,5 kcal/kg, also um
7,0 vH kleiner als bei 20 atü. Durch die Vergrößerung des

Rückgewinnungsfaktors wird dieser Betrag aber auf etwa 6 vH verringert. Eine weitere Verringerung ist noch durch die Verkleinerung des Auslaßverlustes der letzten Stufe zu erwarten, der jedoch eine Verschlechterung des Stufenwirkungsgrades in den letzten Stufen, deren Gefälle zusammengeschoben werden, gegenübersteht.

E. Die Wärmegefälle im Überhitzungsgebiet und der Drosselverlust bei Gegendruckturbinen.

Wenn die Expansionspolytrope nicht in das Sattdampfgebiet eintaucht, so ist das verfügbare Wärmegefälle

$$\sum h_0 = \frac{A}{k} P_1 v_1 \frac{1 - \varepsilon^{\eta_s k}}{\eta_s}. \tag{41}$$

wie schon bei der Ableitung des Rückgewinnungsfaktors im Anschluß an Gleichung (25) gezeigt wurde.

Wir wollen diesen Ausdruck mit Hilfe von Gleichung (34) noch vereinfachen und erhalten

$$\sum h_0 = (i_1 - 467) \frac{1 - \varepsilon^{\eta_s k}}{\eta_s} = (i_1 - 467) \cdot \vartheta. \tag{42}$$

Man erhält also die Summe der Stufengefälle für voll überhitzten Dampf auf die einfache Weise, indem man die in Abb. 32 aufgetragenen Werte für

$$\vartheta = \frac{1 - \varepsilon^{\eta_s k}}{\eta_s}$$

mit $(i_1 - 467)$ multipliziert. Der Wert von i_1 läßt sich leicht aus der Entropietafel ablesen.

Um zu entscheiden, ob diese Formel anwendbar ist, muß man noch wissen, ob die Expansionslinie auch wirklich nicht in das Sattdampfgebiet eintaucht. Hierfür sind in Abb. 32 noch Kurven für $U_{\min}$ eingetragen, d. i. die mindeste Überhitzung, die im Anfangspunkt herrschen muß, damit dies der Fall ist. Dieses Minimum ist leicht zu bestimmen. Bekanntlich ist

$$U^a = \left(\frac{P_1}{P_s}\right)^{\eta_s k}.$$

An der Grenze ist nun $p_2 = p_s$, also

$$U_{\min} = \varepsilon^{-\frac{\eta_s k}{a}}. \tag{43}$$

Die Genauigkeit der Gleichung (42) ist eingeschränkt durch die Vernachlässigung des zweiten Gliedes in Molliers Zustandsgleichung; sie ist aber doch so groß, daß die Formel für Vergleichszwecke sehr gute Dienste leistet. Sie sagt aus, daß das Wärmegefälle nur vom Anfangswärmeinhalt und vom Druckverhältnis

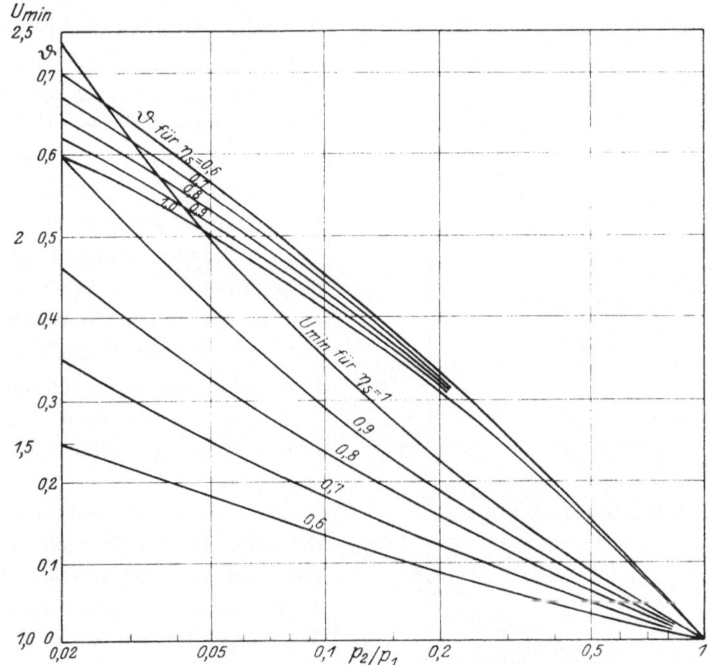

Abb. 32. Wärmegefälle bei überhitztem Dampf: Gefälle $= (i_1 - 467) \cdot \vartheta$.
Werte des Faktors ϑ und der Überhitzung U_{min}, die vorhanden sein muß, damit die Formel anwendbar ist.

abhängig ist. Deshalb kann man sie unmittelbar verwenden, um die Verkleinerung des Gefälles bei Drosselregulierung für Gegendruckturbinen zu ermitteln, dann ist i_1 konstant, und es wird

$$\sum h_0 = \frac{1 - \varepsilon^{\eta_s k}}{\eta_s} \cdot \text{konst.} = \vartheta \cdot \text{konst.} \tag{44}$$

Man kann daher auch den Drosselverlust aus Abb. 32 sofort ablesen.

Um die durch die Drosselung hervorgerufene Verminderung der inneren Turbinenleistung zu ermitteln, müssen wir aus dem

Kegel der Dampfgewichte (3) entnehmen, welche Dampfmengen G zu den gedrosselten Drucken gehören; dann ist die Leistung bei gleichbleibendem Stufenwirkungsgrad proportional dem Produkt $\vartheta \cdot G$.

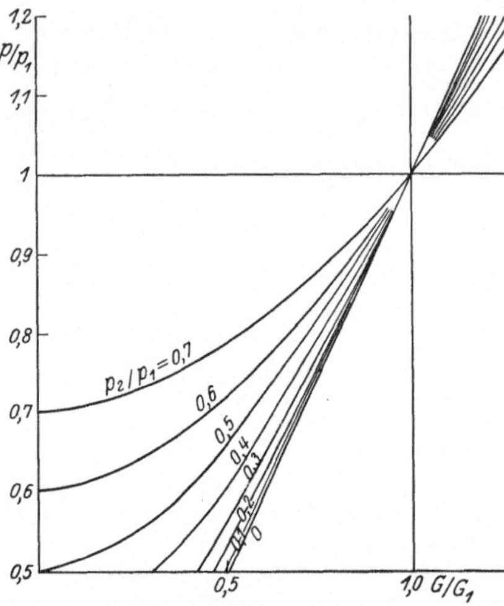

Abb. 33. Abhängigkeit der Dampfmenge vom gedrosselten Druck, ermittelt nach dem Dampfkegel.

p_1 Anfangsdruck
p_2 Gegendruck
p gedrosselter Druck
G_1 Dampfmenge beim Druck p_1
G Dampfmenge beim Druck p.

Zur Erleichterung sind in Abb. 33 Horizontalschnitte durch den „Dampfkegel‟ gezeichnet; diese Zeichnung ist ganz allgemein verwendbar, weil sie auf Verhältniszahlen reduziert ist. Wenn zu einem beliebigen Anfangsdruck p_1 eine beliebige Dampfmenge G_1 gehört, so kann man aus der Abbildung entnehmen, wie sich die durch die Turbine strömende Dampfmenge G ändert, wenn man den Druck auf irgendeinen Betrag p drosselt.

Aus Gleichung (44) und der zugehörigen Abb. 32 ergibt sich nun das zu diesem Druck gehörige ausgenutzte Wärmegefälle, d. h. die innere Turbinenleistung, so daß man nun das in Abb. 34 gezeigte Diagramm aufzeichnen kann, welches die Veränderlichkeit der Leistung mit der Drosselung darstellt. Die Kurven beziehen sich naturgemäß auf die innere Turbinenleistung. Die mechanischen Verluste sind getrennt zu berücksichtigen. Das

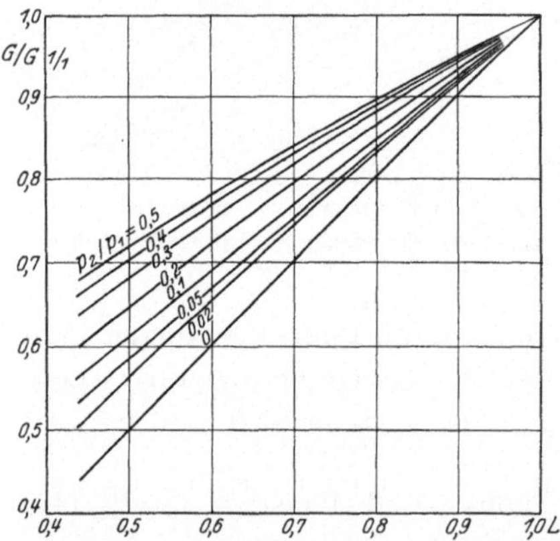

Abb. 34. Dampfverbrauchskurven für Drosselregulierung bei konstantem Stufenwirkungsgrad $\eta_s = 0{,}75$,

Bild ist gerechnet für einen Stufenwirkungsgrad $\eta_s = 0{,}75$, es ist aber, weil die Kurven in Abb. 32 sehr dicht zusammenliegen und in ihrer Neigung kaum voneinander abweichen, ohne Bedenken für das gesamte praktisch vorkommende Gebiet zwischen $\eta_s = 0,65$ und $\eta_s = 0,85$ zu verwenden.

Der Gebrauch der Abb. 34 ist im folgenden Beispiele erläutert:

Das Druckverhältnis sei $\varepsilon = 0,1$, die mechanischen Verluste mögen 5 vH der vollen Leistung betragen; dann ist

effektive Leistung	L_e	vH	100	75	50
innere Leistung in vH von L_e		vH	105	80	55
desgl. in Proz. von L_i		vH	100	76,2	52,4
$G/G_{1/1}$ nach Abb. 34			1,0	0,818	0,63
Vergrößerung des spez. Dampfverbrauchs, bezogen auf L_e			1,0	1,09	1,26
Das ist ein Zuschlag von		vH	0	9	26

F. Prüfung einer Hochdruck-Gegendruckturbine im Gebiet geringeren Druckes.

Man kann den Wirkungsgrad einer Hochdruck-Gegendruckturbine im Prüffeld nicht mit dem vorgeschriebenen Druck messen, sofern die Erbauerin der Dampfturbine nicht über die passenden Hochdruckkessel verfügt. In solchen Fällen hilft man sich, indem man bei den Prüffeldmessungen auch den Gegendruck so weit herabsetzt, daß man wieder das gleiche Druckverhältnis bzw. das gleiche Wärmegefälle wie bei Garantieverhältnissen erhält. Wir wollen im folgenden kurz auf die thermodynamischen Grundlagen dieses Verfahrens eingehen.

Nach Gleichung (44) erhält man, wenn die Expansionspolytrope vollständig im Überhitzungsgebiet liegt, die gleiche Summe aller Stufengefälle beim hohen wie auch beim niedrigen Frischdampfdruck, wenn man auf der Drosselkurve bleibt, d. h. der Betrag $p_1 \cdot v_1$ muß bei Meßverhältnissen der gleiche sein wie bei Garantieverhältnissen. Die Dampfmenge, die durch die Turbine strömt, ist dann genau proportional dem Druck p_1.

Zum Beweise nehmen wir an, es sei die Messung so eingerichtet, daß das Produkt $p_2 \cdot v_2$ am Austritt aus der Turbine ebenso groß ist wie bei Garantieverhältnissen. Die Geschwindigkeit im letzten Leitapparat ist

$$c = \frac{G \cdot v_2}{f} = \sqrt{\frac{2g}{k} P_2 v_2 \left[\left(\frac{P_1}{P_2}\right)^k - 1\right]}; \qquad (45)$$

64 Folgerungen und Beispiele.

p_1 ist hier der Druck vor der letzten Stufe. Es ist

$$\frac{P_1 \cdot v_1}{k} = \frac{i_1 - 467}{A} = \text{konst.}$$

Ferner ist $G \cdot v_2$ das Gesamtvolumen V_2, so daß

$$V_2 = \text{konst.} \sqrt{\left(\frac{P_1}{P_2}\right)^k - 1} \tag{46}$$

ist, d. h. so lange das Durchsatzvolumen V_2 konstant bleibt, bleibt auch das Druckverhältnis der letzten Stufe das gleiche. Diese Betrachtung kann man für alle Stufen wiederholen, und hiermit ist der Satz bewiesen, daß auf der Drosselkurve bei konstantem Durchsatzvolumen die Stufengefälle und -druckverhältnisse in allen Stufen der Turbine erhalten bleiben.

Die Bedingung des konstanten Durchsatzvolumens führt weiterhin auf das Gesetz, daß das Dampfgewicht genau proportional dem Frischdampfdruck ist. In der allgemeinen Gleichung für die Dampfmenge, die durch die erste Stufe strömt:

$$G = f_1 \sqrt{\frac{2g}{k}\frac{P_1}{v_1}\left[\left(\frac{P_2}{P_1}\right)^{\frac{2}{\varkappa}} - \left(\frac{P_2}{P_1}\right)^{\frac{\varkappa+1}{\varkappa}}\right]} \tag{47}$$

ist nämlich wegen des konstanten Druckverhältnisses in allen Stufen der unter der eckigen Klammer stehende Ausdruck unveränderlich. Multiplizieren wir noch im Zähler und Nenner mit P_1, so kommt

$$G = f_1 P_1 \sqrt{\frac{2g}{k} \cdot \frac{1}{P_1 \cdot v_1} \cdot \text{konst.}}$$

Es ist aber auch, da wir uns auf der Drosselkurve befinden, $p_1 \cdot v_1$ konstant, also ist

$$G \text{ proportional } p_1. \tag{48}$$

Wir haben also, zusammengefaßt, das folgende Gesetz:
Wird der Frischdampfzustand einer im Überhitzungsgebiet arbeitenden Gegendruckturbine so verändert, daß er immer auf ein und derselben Drosselkurve liegt, und wird gleichzeitig der Gegendruck so gewählt, daß das Druckverhältnis in der Turbine konstant bleibt, so ist der Frischdampfdruck genau proportional dem durchströmenden Dampfgewicht, ferner das Druckverhältnis, das Wärmegefälle und das Dampfvolumen in allen Stufen unveränderlich.

Hieraus sollte folgen, daß auch der innere Wirkungsgrad η_i konstant bleibt, denn das Verhältnis u/c_0 bleibt in allen Stufen erhalten, und die sekundären Verluste, wie Radreibungs-, Ventilations- und Undichtigkeitsverluste sind alle nur vom Volumen abhängig.

In Wirklichkeit bleibt aber nur der Stufenwirkungsgrad η_s konstant und der innere Wirkungsgrad nur dann, wenn in keinem Falle der Endpunkt der Adiabate in das Sattdampfgebiet eintaucht. Findet dieses Eintauchen beim Betrieb mit dem hohen Druck statt, so wird der Wirkungsgrad für diesen Fall etwas geringer sein, als man ihn beim niedrigeren Druck mißt. Bezeichnet η_M den gemessenen inneren Wirkungsgrad bei dem niedrigen Druck, und sind μ_M und μ_G die Rückgewinnungsfaktoren für Meßverhältnisse und für Garantieverhältnisse, so ist der innere Wirkungsgrad bei Garantieverhältnissen

$$\eta_G = \frac{\mu_G}{\mu_M} \cdot \eta_M . \tag{49}$$

Dies möge an einem Beispiel erläutert werden.

Eine Gegendruckturbine sei gebaut für 60 ata 400°, Gegendruck 6 ata. Es ist also $p_2/p_1 = 0,1$, $U_1 = 1,47$, $i_1 = 760,5$. Die Dampfmenge sei 100000 kg/h. Im Prüffeld steht nur ein Druck von 15 ata zur Verfügung. Es ist dann wie folgt zu messen:

Frischdampfdruck . . . . 15 ata
Frischdampftemperatur . . . . 365°
Wärmeinhalt des Frischdampfes . . . . . . 760,5 kcal/kg
Adiabatische Überhitzung des Frischdampfes. . . . 1,625
Gegendruck. 1,5 ata
Dampfmenge . . . . 25000 kg/h

    Der gemessene innere Wirkungsgrad sei . . . . $= 0,800$
Dies entspricht bei der Überhitzung . . . . . . $= 1,625$
einem Stufenwirkungsgrad von . . . . $= 0,753$
mit dem Rückgewinnungsfaktor . . . . $= 1,063$
nach Abb. 15.

Bei Garantieverhältnissen ist U_G 1,57 und infolgedessen, bei dem gleichen Stufenwirkungsgrad, $\mu_G = 1,053$. Der innere Wirkungsgrad wird also bei Garantieverhältnissen nur

$$\eta_G = \frac{1,053}{1,063} \cdot 0,8 = 0,792$$

betragen.

Eine zweite Möglichkeit der Messung besteht darin, den Prüf-
feldversuch mit geringerem Druck und derselben adiabatischen
Überhitzung U_1 stattfinden zu lassen, die auch bei den Garantieverhältnissen vorliegt; in unserem Beispiel also mit $U_1 = 1{,}47$, d. h.
mit einer Frischdampftemperatur von 323° bei 15 ata. Dadurch
wird jedoch das Wärmegefälle bei Meßverhältnissen kleiner als bei
Garantieverhältnissen, und man muß, um den gleichen Wert von
u/c_0 zu erhalten, die Drehzahl ebenfalls verringern. Dieses in
Amerika eingeführte Verfahren ist gewiß auch sehr zuverlässig,
aber nicht ganz so eindeutig wie das erstere, weil man wärme-
theoretisch nicht so bequeme Beziehungen erhält. Die Wahl des
Anfangspunktes auf der Drosselkurve ermöglicht nicht nur die
Kontrolle des Wirkungsgrades, sondern auch den unmittelbaren
Vergleich der Druckverteilung und durchströmenden Dampf-
menge mit der Vorausberechnung.

Literaturverzeichnis.

1. Forner: Der Einfluß der rückgewinnbaren Verlustwärme des Hochdruckteiles auf den Dampfverbrauch der Dampfturbinen. Berlin:
Julius Springer 1922.
2. Martin: A new theory of the steam turbine. Engg. Bd. 106.
3. Stodola: Dampf- und Gasturbinen, 5. Aufl. Berlin: Julius Springer
1922.
4. Mellanby u. Kerr: The limiting possibilities in steam plants. Engg.
1925.
5. Blowney u. Warren: The increase in thermal efficiency due to resuperheating in steam turbines. Vorgelegt der American Society of Mech.
Eng. 1924.
6. Baumann: Recent developments in steam turbine practice. Proc. Inst.
Electr. Eng. 1912, Bd. 48, S. 768.
7. Mollier: Neue Tabellen und Diagramme für Wasserdampf, 2. Aufl.
Berlin: Julius Springer 1925.
8. Knoblauch, Raisch u. Hausen: Tabellen und Diagramme für Wasserdampf. Berlin: R. Oldenbourg 1923.
9. Zinzen: Rückgewinnbare Verlustwärme und Vergrößerung des Wärmegefälles in mehrstufigen Gleichdruck-Dampfturbinen. Z. f. techn. Physik
1925.
10. Kraft: Die neuzeitliche Dampfturbine. Berlin: V. D. I. -Verlag 1926.